# 治疗用生物制品
## 病毒污染风险控制要点

国家药典委员会
中国食品药品国际交流中心　　**组织编写**

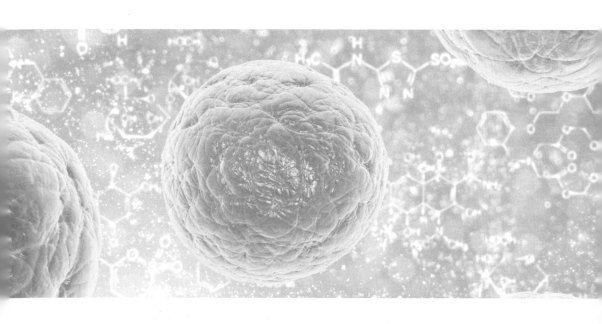

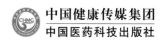

中国健康传媒集团
中国医药科技出版社

# 内 容 提 要

本书针对治疗用生物制品病毒污染控制的难点和关键点，基于我国药品监管机构现行相关技术法规和技术标准，全面梳理了世界卫生组织以及美国、欧盟等有关技术要求和指导原则，对治疗用生物制品污染外源病毒的风险、病毒筛查检测技术、病毒灭活／去除生产工艺设计、工艺验证、工艺再评估等方面进行了系统、详尽地阐述。

本书基于风险评估的理念，结合治疗用生物制品的特点，对生产用起始材料、生产工艺、生产过程中间品及成品控制等关键工艺关节实施有效的病毒污染风险防控提出了具体的技术要求。

对国内外药品监管、研发、生产、检验机构和相关制药企业的从业技术人员更好地了解和掌握病毒污染风险点和防控策略，选择适宜的病毒检测方法，客观评估病毒筛查检测结果，开展病毒灭活／去除工艺设计和验证研究，实施有效控制确保病毒灭活工艺稳定提供有益的技术指导。对强化治疗性生物制品生产全过程管理理念、完善治疗类生物制品的病毒安全控制相关技术标准、加强对生产过程和质量控制的监督检查、更好地保障临床使用安全具有积极的推动作用。

## 图书在版编目（CIP）数据

治疗用生物制品病毒污染风险控制要点／国家药典委员会，中国食品药品国际交流中心组织编写 . — 北京：中国医药科技出版社，2021.1
　　ISBN 978-7-5214-2195-8

　　Ⅰ.①治⋯　Ⅱ.①国⋯②中⋯　Ⅲ.①生物制品—病毒—环境污染—风险管理—指南　Ⅳ.① X787-62

中国版本图书馆 CIP 数据核字（2020）第 245671 号

美术编辑　陈君杞
版式设计　也　在

| 出版 | 中国健康传媒集团｜中国医药科技出版社 |
| --- | --- |
| 地址 | 北京市海淀区文慧园北路甲 22 号 |
| 邮编 | 100082 |
| 电话 | 发行：010-62227427　邮购：010-62236938 |
| 网址 | www.cmstp.com |
| 规格 | 710×1000mm ¹/₁₆ |
| 印张 | 14 |
| 字数 | 151 千字 |
| 版次 | 2021 年 1 月第 1 版 |
| 印次 | 2021 年 1 月第 2 次印刷 |
| 印刷 | 三河市万龙印装有限公司 |
| 经销 | 全国各地新华书店 |
| 书号 | ISBN 978-7-5214-2195-8 |
| 定价 | 75.00 元 |

获取新书信息、投稿、为图书纠错，请扫码联系我们。

# 编 委 会

参与编写人员 （按姓氏笔画排序）

马小伟　王 君　王 昕　王瑶琳　石 松

卢奎林　付丙鹏　巩 威　朱孟沼　任雪芸

刘 杰　刘海宽　江丽碧　寿建斐　杨 凯

李 峰　肖 亮　邹昌瑞　张 振　陈 倍

陈源源　罗二华　金翔翔　周雪峰　赵占虎

恽丽红　秦婷婷　袁 铭　徐 岩　徐明明

殷文静　高 飞　郭丽丽　郭良柱　唐 燕

黄家利　梁雪爽　斯密特福　韩向宗

谭 宁

感谢以下单位对本书编纂的支持：

默克化工技术（上海）有限公司

赛多利斯斯泰帝（上海）贸易有限公司

旭化成医疗株式会社

颇尔（中国）有限公司

杭州科百特过滤器材有限公司

药品的安全性至关重要。对生物制品而言，病毒污染风险控制是保证其安全的重要方面。生物制品的生产用起始材料、生产过程中添加和使用的各种生物来源材料都可能带来污染外源因子的潜在风险，特别是具有感染性的病毒，一旦引入到终端产品中，将给使用者带来极大的安全风险。因此，在生物制品研制开发、生产过程和质量控制中，加强病毒污染控制，研究建立有效的病毒灭活／去除工艺，消除病毒污染的风险显得尤为重要。

生物制品不同于一般药品，生产用起始材料通常源于人或动物组织，生产过程中也可能使用动物来源的材料用于原液生产和半成品制备，尽管这些材料在投入使用前，生产企业都采用各种检测手段进行了严格的外源因子污染检查和控制，但由于目前认知程度、材料来源、检测方法以及抽样概率等诸多因素所限，在生物制品实际生产过程中，仍然存在污染外源病毒的潜在风险。因此，除了对生产用动物来源的材料进行严格病毒筛查外，生产工艺中设立有效的病毒灭活／去除工艺至关重要，可主动消除已知或未知外源病毒污染的风险，是对生物制品病毒污染控制的关键屏障，是必不可少的工艺步骤、是保障产品安全的重要措施。

各国药品监管机构以及工业界都极其重视生物产品病毒污染的安全风险问题。近年来，陆续发布相关技术法规和技术指南，旨在提高对病毒污染风险意识、加强控制措施，严格病毒筛查、完善生产工艺、规范生产操作、防止生产过程中外源病毒的引入，确保产品的安全。

本书针对治疗用生物制品病毒污染控制的难点和关键点，基于我国药品监管机构现行相关技术法规和技术标准，全面梳理了世界卫生组织（WHO）、美国、欧盟等有关技术要求和指导原则，对治疗用生物制品污染病毒的风险、病毒筛查检测技术、病毒灭活/去除生产工艺设计、工艺验证、工艺再评估等方面进行了系统、详尽地阐述。本书基于风险评估的理念，结合治疗用生物制品的特点，对生产用起始材料、生产工艺、生产过程中间品及成品等关键工艺环节实施有效的病毒污染防控提出了具体的技术要求。对国内外药品监管、研发、生产、检验机构和相关制药企业的从业技术人员更好地了解和掌握病毒污染风险点和防控策略，选择适宜的病毒检测方法，客观评估病毒筛查检测结果，开展病毒灭活/去除工艺设计和验证研究，确保病毒灭活工艺稳定提供有益的技术指导。对强化治疗用生物制品生产全过程管理理念、完善病毒安全控制相关技术标准、加强对生产过程和质量控制的监督检查、更好地保障临床使用安全具有积极的推动作用。

参与本书编写的专家来自我国药品监管机构、科研院所以及制药行业权威技术专家，融汇了各方的实践经验和广泛共识，是一部极具针对性、指导性的专业技术书籍。

谨此对参与本书编写的全体专家和工作人员表示诚挚的谢意。由于编制时间紧，涉及范围广，在编写工作中难免有错误之处，对此，敬请广大读者批评指正。

2020 年 10 月

# 目录

# 1 治疗用生物制品病毒安全概述

治疗用生物制品一旦出现病毒污染，将直接关系到产品的使用安全，是产品起始材料使用、工艺设计验证、质量控制重点考虑的安全性因素。历史上由于对外源污染病毒的认知程度、检测技术手段、生产工艺设计、工艺清除污染病毒的能力、工艺过程控制等因素的限制，曾发生过治疗用生物制品被外源病毒污染的事件，给产品使用带来极大的安全性问题，并影响公众对治疗用生物制品的信赖。随着生物技术的快速发展，治疗用生物制品类别呈现多样化，但不管哪类产品，均存在潜在的污染外源因子的风险。本章将对不同种类的治疗用生物制品可能引入病毒污染风险的种类、来源进行阐述，旨在有针对性的开展病毒的控制、建立有效的病毒灭活/去除工艺，为保障产品安全奠定基础。

## 1.1 治疗用生物制品定义和分类

本节首先明确治疗用生物制品定义，其次说明分类方法和《治疗用生物制品病毒污染风险控制要点》（以下简称《控制要点》）所选取的分类方法，并归类列举治疗用生物制品。

### 1.1.1 治疗用生物制品定义

治疗用生物制品是指采用不同表达系统的工程细胞（如细菌、酵母、昆虫、植物和哺乳动物细胞）所制备的蛋白质、多肽及其衍生物，包括细胞因子、纤维蛋白溶解酶原激活因子、重组血浆因子、生长因子、融合蛋白、酶、受体、激素和单克隆抗体等；也包括从人或者动物组织提取的单组分内源性蛋白，以及基因治疗产品、变态反应原制品、由人或动物的组织或者体液提取或者通过发酵制备的具有生物活性的多组分制品、微生态制品等生物制品。基于细胞治疗类产品和治疗用疫苗产品可按治疗用生物制品进行注册申报管理，本《控制要点》将细胞治疗类产品和治疗用疫苗产品归于治疗用生物制品范畴。《中国药典》2020 年版中共计收载治疗用生物制品 88 个。

### 1.1.2 治疗用生物制品分类

#### 1.1.2.1 按生物制品注册分类

A. 单克隆抗体。

B. 基因治疗、体细胞治疗及其制品。

C. 变态反应原制品。

D. 由人、动物组织或者体液提取，或者通过发酵制备的具有生物活性的多组分制品。

E. 微生态制品。

F. 采用 DNA 重组技术制备的制品（例如以重组技术替代合成技术、生物组织提取或者发酵技术等）。

## 1.1.2.2 按产品成熟度不同分类

A. 新型生物制品。

B. 改良型生物制品。

C. 境外上市、境内未上市的生物制品。

D. 境内已上市的生物制品

    a. 生物类似药。

    b. 不能按生物类似药技术要求进行研制申报的生物制品。

E. 进口生物制品。

## 1.1.2.3 按药品活性物质来源和制造过程分类

治疗用生物制品按其药品活性物质来源和制造过程归纳为 6 类，具体分类见表 1-1，其中基因治疗、体细胞治疗及其制品、变态反应原制品和微生态制品未按上述依据归类而是各成一类。

表 1-1　治疗用生物制品分类

| 类别 | 药物活性物质来源（制造过程） | | |
|---|---|---|---|
| 1） | 工程细胞 | 昆虫、植物和哺乳动物细胞 | |
| 2） | 工程细菌 | 工程菌（使用病毒载体） | |
| | | 工程菌（未使用病毒载体） | 制造中使用存在病毒污染风险的物料或介质 |
| | | | 制造中未使用存在病毒污染风险的物料或介质 |

| 类别 | 药物活性物质来源（制造过程） | |
|---|---|---|
| 3） | 组织或者体液 | 人的组织或者体液 |
| | | 动物的组织或者体液 |
| 4） | 基因治疗、体细胞治疗及其制品 | 制造中使用病毒载体或存在病毒污染风险物料 |
| | | 制造中未使用病毒载体或存在病毒污染风险物料 |
| 5） | 变态反应原制品 | |
| 6） | 微生态制品 | |

　　基于药品活性物质来源和制造过程对治疗用生物制品进行分类，有利于系统阐明治疗用生物制品病毒污染风险及其防控。因为来源相同或相似的治疗用生物制品在病毒污染风险源头识别和防控方面具有相通性。以病毒污染源头控制为例：来源于昆虫、植物、哺乳动物细胞和工程菌的治疗用生物制品应首先在表达系统构建过程中防止病毒污染，进而需要对构建完成的表达系统实施病毒安全检测和监测；来源于组织或者体液的治疗用生物制品需要首先筛查供体以防止携带病毒的人或动物成为供体，进而需要对采集的组织或者体液进行病毒安全检测及记录。实践中，归于一类的不同治疗用生物制品会在病毒污染风险源头识别和防控的具体方法层面存在差异，需基于特定制品的具体情况而定。就制造过程而言，治疗用生物制品需确认制造过程中是否采用存在潜在病毒污染风险的物料或介质，是否存在其他外源性病毒污染，是否存在有效的病毒清除步骤等。

### 1.1.3 存在病毒污染风险的治疗用生物制品

治疗用生物制品中有一部分制品存在潜在的内源性和（或）外源性病毒污染风险，基于 1.1.2.3，本《控制要点》将变态反应原制品和微生态制品之外存在病毒污染风险的治疗用生物制品归为 4 大类 6 小类，详见表 1–2。本《控制要点》不包括变态反应原制品和微生态制品，主要是考虑这两类产品的特点和病毒污染风险级别。本《控制要点》未涉及的其他治疗用生物制品可参考本《控制要点》已涵盖的 4 类治疗用生物制品的要求进行病毒污染风险防控。

表 1–2　存在病毒污染风险的治疗用生物制品

| | 类别 | 潜在风险源 |
|---|---|---|
| 1） | 工程细胞来源制品 | A. 昆虫、植物和哺乳动物细胞；制造中使用存在病毒污染风险的物料 |
| 2） | 工程细菌来源制品 | B. 存在病毒污染风险的工程菌（例如使用病毒载体） |
| | | C. 工程菌不存在病毒污染风险，但制造中使用存在潜在病毒污染风险的物料 |
| 3） | 组织或者体液来源制品 | D. 人的组织或者体液 |
| | | E. 动物的组织或者体液 |
| 4） | 基因治疗、体细胞治疗及其制品 | F. 制造中使用病毒载体或存在病毒污染风险物料 |

### 1.1.4 存在病毒污染风险的治疗用生物制品列举

本节仅以《中国药典》2020 年版收载的治疗用生物制品为例，分 4 类列举存在病毒污染风险的治疗用生物制品，详见表 1-3 至表 1-6。

**表 1-3　来源于工程细胞的治疗用生物制品**

| 序号 | 名称 | 工程细胞 |
|------|------|----------|
| 1） | 重组人促红素注射液 | CHO 细胞 |
| 2） | 注射用重组人促红素 | CHO 细胞 |
| 3） | 尼妥珠单克隆抗体注射液 | 小鼠骨髓瘤细胞（NSO） |
| 4） | 康柏西普眼用注射液 | CHO 细胞 |

**表 1-4　来源于工程细菌的治疗用生物制品**

| 序号 | 名称 | 工程细菌 | 序号 | 名称 | 工程细菌 |
|------|------|----------|------|------|----------|
| 1） | 注射用人干扰素 α1b | *E. coli* | 7） | 注射用人干扰素 α2a | 啤酒酵母 / *E. coli* |
| 2） | 人干扰素 α1b 注射液 | *E. coli* | 8） | 注射用人干扰素 α2b | *E. coli* |
| 3） | 人干扰素 α1b 滴眼液 | *E. coli* | 9） | 人干扰素 α2b 注射液 | *E. coli* |
| 4） | 注射用人干扰素 α2a | *E. coli* | 10） | 人干扰素 α2b 滴眼液 | *E. coli* |
| 5） | 人干扰素 α2a 注射液 | *E. coli* | 11） | 人干扰素 α2b 栓 | *E. coli* |
| 6） | 人干扰素 α2a 栓 | *E. coli* | 12） | 人干扰素 α2b 乳膏 | *E. coli* |

| 序号 | 名称 | 工程细菌 | 序号 | 名称 | 工程细菌 |
|---|---|---|---|---|---|
| 13） | 人干扰素 α2b 凝胶 | *E. coli* | 28） | 外用牛碱性成纤维细胞生长因子 | *E. coli* |
| 14） | 注射用人干扰素 α2b | *E. coli* | 29） | 牛碱性成纤维细胞生长因子凝胶 | *E. coli* |
| 15） | 注射用人干扰素 α2b | 假单胞菌 / *E. coli* | 30） | 牛碱性成纤维细胞生长因子滴眼液 | *E. coli* |
| 16） | 人干扰素 α2b 注射液 | 假单胞菌 / *E. coli* | 31） | 外用人表皮生长因子 | *E. coli* |
| 17） | 人干扰素 α2b 喷雾剂 | 假单胞菌 / *E. coli* | 32） | 人表皮生长因子外用溶液（Ⅰ） | *E. coli* |
| 18） | 人干扰素 α2b 软膏 | 假单胞菌 / *E. coli* | 33） | 人表皮生长因子凝胶 | 毕赤酵母 |
| 19） | 注射用人干扰素 γ | *E. coli* | 34） | 人表皮生长因子滴眼液 | 酵母 |
| 20） | 注射用人白介素 –2 | *E. coli* | 35） | 注射用生长激素 | |
| 21） | 人白介素 –2 注射液 | *E. coli* | 36） | 精蛋白胰岛素混合注射液（30R） | |
| 22） | 注射用人白介素 –2 （Ⅰ） | *E. coli* | 37） | 精蛋白胰岛素混合注射液（50R） | |
| 23） | 注射用人白介素 –11 | *E. coli* | 38） | 甘精胰岛素注射液 | |
| 24） | 注射用人白介素 –11 | *E. coli*/ 甲醇酵母 | 39） | 赖脯胰岛素注射液 | |
| 25） | 人粒细胞刺激因子注射液 | *E. coli* | 40） | 人胰岛素注射液 | |
| 26） | 注射用人粒细胞巨噬细胞刺激因子 | *E. coli* | 41） | 精蛋白胰岛素注射液 | |
| 27） | 牛碱性成纤维细胞生长因子外用溶液 | *E. coli* | | | |

**表 1–5 来源于人的组织或者体液的治疗用生物制品**

| 序号 | 名称 | 序号 | 名称 |
|---|---|---|---|
| 1） | 人血白蛋白 | 11） | 破伤风人免疫球蛋白 |
| 2） | 冻干人血白蛋白 | 12） | 冻干破伤风人免疫球蛋白 |
| 3） | 人免疫球蛋白 | 13） | 静注人免疫球蛋白（pH4） |
| 4） | 冻干人免疫球蛋白 | 14） | 冻干静注人免疫球蛋白（pH4） |
| 5） | 乙型肝炎人免疫球蛋白 | 15） | 人凝血因子Ⅷ |
| 6） | 冻干乙型肝炎人免疫球蛋白 | 16） | 人纤维蛋白原 |
| 7） | 静注乙型肝炎人免疫球蛋白（pH4） | 17） | 人纤维蛋白黏合剂 |
| 8） | 冻干静注乙型肝炎人免疫球蛋白（pH4） | 18） | 人凝血酶 |
| 9） | 狂犬病人免疫球蛋白 | 19） | 人凝血酶原复合物 |
| 10） | 冻干狂犬病人免疫球蛋白 | | |

**表 1–6 来源于动物的组织或者体液的治疗用生物制品**

| 序号 | 名称 | 序号 | 名称 |
|---|---|---|---|
| 1） | 白喉抗毒素 | 7） | 肉毒抗毒素 |
| 2） | 冻干白喉抗毒素 | 8） | 冻干肉毒抗毒素 |
| 3） | 破伤风抗毒素 | 9） | 抗蝮蛇毒血清 |
| 4） | 冻干破伤风抗毒素 | 10） | 冻干抗蝮蛇毒血清 |
| 5） | 多价气性坏疽抗毒素 | 11） | 抗五步蛇毒血清 |
| 6） | 冻干多价气性坏疽抗毒素 | 12） | 冻干抗五步蛇毒血清 |

| 序号 | 名称 | 序号 | 名称 |
|---|---|---|---|
| 13） | 抗银环蛇毒血清 | 18） | 抗狂犬病血清 |
| 14） | 冻干抗银环蛇毒血清 | 19） | 抗人 T 细胞猪免疫球蛋白 |
| 15） | 抗眼镜蛇毒血清 | 20） | 抗人 T 细胞兔免疫球蛋白 |
| 16） | 冻干抗眼镜蛇毒血清 | 21） | 注射用鼠神经生长因子 |
| 17） | 抗炭疽血清 | 22） | 马破伤风免疫球蛋白 F（ab'）$_2$ |

## 1.2 病毒污染事件回顾

外源因子污染，尤其是病毒污染，是威胁治疗用生物制品用药安全的重要风险之一。历史上，由于人们对病毒污染风险认识不足，病毒检测技术和病毒灭活 / 去除技术等病毒污染防控措施存在局限性，导致血源性生物制品出现严重病毒污染事件。二十世纪八九十年代，国内外都曾出现患者由于使用污染了病毒的血液或血液制品而感染丙肝病毒（HCV）或人免疫缺陷病毒（HIV）的案例。当时，因使用污染了病毒的凝血因子，日本约有 40% 的血友病患者（1800 人）感染 HIV，到 1997 年，600 人出现了获得性免疫缺乏综合征（AIDS）症状，其中 400 人死亡；美国 63% 的血友病患者（约 8000 人）感染 HIV；法国血友病患者也有约 45%（约 4000~5000 人）感染 HIV；德国 43.3% 的血友病患者（约 1385 人）感染 HIV；英国约 5000 血友病患者因使用了受污染的血液制品感染 HCV 和 HIV，至少 2400 人死亡。浓缩凝血因子Ⅷ也曾在世界范围内造成了甲型肝炎病毒（HAV）的传播，参见表 1-7。凝血因子Ⅸ、纤维蛋白原、人凝血酶原复合物和静脉注射丙种球蛋白等制品都曾因制品中污染了具有传染性的病毒，导致病毒传播。

二十世纪八九十年代发生的血液制品病毒污染恶性事件造成严重后果的同时，也促成了血液制品病毒安全保障的提升，旨在提高病毒安全的各种政策法规陆续颁布出台，多种病毒灭活与去除技术被引入血液制品制造过程。正如《欧洲血液制品控制要点》中所描述：二十世纪八十年代中期血液制品特别是凝血因子类产品导致的 HIV 和 HCV 感染事件，使血液制品生产工艺流程发生重要变化，生产工艺中必须引入针对 HIV 和 HCV 以及其他血源病毒进行病毒灭活或病毒去除的特定工艺步骤。实践证明，人类在血液制品病毒污染恶性事件后所采取的措施是富有成效的（表 1-8）。主要病毒污染类型的变化反映出人类对病毒的认知水平在不断提高，检测技术的快速发展使某些客观存在的病毒能够被检出发现。

随着人类对病毒认知的提高，检测技术的进步和病毒去除及灭活技术的开发运用，血液制品的病毒安全得以提高。但人类在血液制品病毒安全保障方面仍需面对诸多挑战，病毒污染事件依然有出现的可能。因此，病毒污染防控工作不可掉以轻心。

表 1-7　浓缩凝血因子Ⅷ造成的 HAV 感染举例

| 国家 | 年 | HAV 案例 | 血源 | 参考文献 |
|---|---|---|---|---|
| 意大利 | 1989<br>1990<br>1991<br>1992 | 3<br>10<br>33<br>6 | 美国 | Lancet 339:819（1992）<br>Ann.Intern.Med 120:1–7(1994) |
| 德国 | 1988<br>1990<br>1991<br>1992 | 4<br>2<br>2<br>2 | NA* | Lancet 340:1231(1992)<br>Vox Sang. 67(S1):39–46(1994) |
| | 1997 | 6 | 美国 | J.Med Virol. 57:91–99(1999) |
| 爱尔兰 | 1992 | 17 | 爱尔兰 | Lancet 340:1466(1992) |
| 比利时 | 1992 | 6 | 比利时 | Lancet 341:179(1993) |
| 南非 | 1993<br>1994 | 9<br>3 | NA* | Hepatology 22:1363–1367(1995) |
| 美国 | 1995 | 3 | 美国 | MMWR 45:29–32(1996) |

*NA：无数据。

表 1-8　病毒污染报道变化

NANBHV：非甲非乙型肝炎病毒；Dengue：登革热。

迄今为止，工程细胞和工程细菌表达生产的治疗用生物制品所造成的患者感染病毒恶性事件尚无报道，但在制造过程中发生的病毒污染案例并非罕见，这是由于在培养阶段检测到病毒污染，因此培养液和中间体被废弃，没有发生最终产品受到污染的现象（表 1-9）。2009 年美国健赞（Genzyme）公司发生囊泡病毒2117（Vesivirus 2117）污染培养基，导致了 17.5 亿美元的罚款，约 10 亿~30 亿美元的产品销售额损失。为降低培养过程中的病毒污染风险，越来越多的制药企业开始关注生产用培养基的病毒灭活/去除，采取的措施通常包括伽玛辐射处理、UV-C 辐射处理、瞬时高温处理或是病毒截留滤器过滤处理。

表 1-9    工程细胞来源治疗用生物制品的病毒污染事件

| 时间 | 病毒 | 宿主细胞 | 公司 |
|---|---|---|---|
| 1993 | 流行性出血热病毒（EHDV） | 中国仓鼠卵巢细胞（CHO） | Bioferon GmbH |
| 1996 | 鼠细小病毒（MVM） | 中国仓鼠卵巢细胞（CHO） | 基因泰克（Genentech） |
| 1996 | 鼠细小病毒（MVM） | 中国仓鼠卵巢细胞（CHO） | 基因泰克（Genentech） |
| 1999 | 呼肠孤病毒（Reovirus） | 人体肾细胞（HK） | 雅培（Abbott） |
| 2003 | 囊泡病毒（Vesivirus）2117 | 中国仓鼠卵巢细胞（CHO） | 勃林格殷格翰（Boehringer Ingelheim） |
| 2006 | 鼠细小病毒（MVM） | 中国仓鼠卵巢细胞（CHO） | 安进（Amgen） |
| 2008 | 囊泡病毒（Vesivirus）2117 | 中国仓鼠卵巢细胞（CHO） | 健赞（Genzyme） |
| 2009 | 囊泡病毒（Vesivirus）2117 | 中国仓鼠卵巢细胞（CHO） | 健赞（Genzyme） |

| 时间 | 病毒 | 宿主细胞 | 公司 |
|------|------|----------|------|
| 2009 | 鼠细小病毒（MVM） | 中国仓鼠卵巢细胞（CHO） | MACK（Merrimack） |
| 2010 | 人腺病毒（Human adenovirus） | 人胚肾细胞293（HEK293） | 礼来（Eli Lilly） |
| 2010 | 囊泡病毒（Vesivirus）2117 | 中国仓鼠卵巢细胞（CHO） | Genzyme |
| 2010 | 猪圆环病毒1型（PCV-1） | 非洲绿猴肾细胞（Vero） | 葛兰素史克（GlaxoSmithKline） |
| 2011 | 卡奇谷病毒（Cache Valley virus） | 中国仓鼠卵巢细胞（CHO） | 安进（Amgen） |
| 2011 | 鼠细小病毒（MVM） | 中国仓鼠卵巢细胞（CHO） | 安进（Amgen） |
| 2011 | 鼠细小病毒（MVM） | 中国仓鼠卵巢细胞（CHO） | MACK（Merrimack） |
| 2013 | 鼠细小病毒（MVM） | 乳仓鼠肾细胞21（BHK-21） | FMD（FMD Institute） |

工程细胞和工程细菌表达生产的治疗用生物制品在表达体系构建和生产制造过程中可能会使用动物来源或是含有动物来源成分的物料，例如牛血清和胰蛋白酶等；或使用的物料也有被病毒污染的可能性，如被病毒污染的化学成分培养基。此外，生产用工程细胞和工程细菌通常为动、植物细胞或使用了病毒载体，表达系本身存在病毒安全风险。例如，中国仓鼠卵巢细胞（CHO）是表达生产抗体的主要宿主细胞之一，它本身会表达内源性逆转录病毒样颗粒，在细胞培养上清中常可以检测到$10^3$~$10^9$/ml逆转录病毒样颗粒。这些颗粒的形态、生化性质和基因序列与传染性

逆转录病毒相似。国际人用药品注册技术协调会（ICH）Q5A 规定：对治疗用生物制品生产用细胞系和包括培养基在内的其他原料进行选择和检测，以确保其不含可能对人有感染和（或）致病作用的病毒；对生产工艺中清除感染性病毒的能力进行评估；在生产的适当步骤对产品进行测试，确保产品不存在感染性病毒的污染。

综上所述，以血液制品、工程细胞和工程细菌表达生产制品为代表的治疗用生物制品客观存在内源性和外源性病毒污染风险，要认识病毒污染对治疗用生物制品用药安全威胁的严重性，掌握潜在污染病毒类型并动态更新，加强识别控制病毒污染源并且恰当选用有效的病毒清除方法，进而建立实施相应的病毒安全保障控制策略。

## 1.3 相关病毒及来源

本《控制要点》现阶段所涵盖存在病毒污染风险的治疗用生物制品，如 1.1 所述包括：工程细胞（细菌）、组织或者体液来源的治疗用生物制品和基因治疗、体细胞治疗及其制品，本节据此归纳整理治疗用生物制品相关病毒及来源。存在潜在病毒污染风险治疗用生物制品的病毒来源汇总见表 1-10，治疗用生物制品外源因子污染相关病毒见表 1-11 至表 1-18。

表 1-10　存在病毒污染风险治疗用生物制品的病毒来源

| 序号 | 存在潜在病毒污染风险治疗用生物制品 | | 病毒污染来源 | |
| --- | --- | --- | --- | --- |
| | | | 药物活性成分源 | 制造过程 |
| 1） | 工程细胞 | A. 昆虫、植物和哺乳动物细胞 | 工程细胞（细菌）主库：细胞源于受病毒感染的动物，建立细胞系使用了病毒，建立细胞系使用了受污染的生物试剂，如胰蛋白酶、动物血清等<br>　建立细胞系操作过程中受病毒污染<br>　其他 | 制造过程使用：动植物来源的物料，存在病毒污染风险的物料被外源性病毒污染的物料<br>　制造过程中的其他污染 |
| 2） | 工程细菌 | B. 工程菌（存在病毒污染风险） | | |
| | | C. 工程菌（不存在病毒污染风险） | NA | |
| 3） | 组织或者体液 | D. 人的组织或者体液 | 组织或者体液的供体受病毒感染<br>　组织或者体液受交叉污染<br>　其他 | |
| | | E. 动物的组织或者体液 | | |
| 4） | 基因治疗、体细胞治疗及其制品 | | 使用受病毒污染的工程细胞（细菌）<br>　其他 | 采集、制造和使用等过程中的交叉污染 |

表 1-11　啮齿类动物源性病毒

| 序号 | 病毒名称 | 英文缩写 | 种属 |
| --- | --- | --- | --- |
| 1 | 呼肠孤病毒 3 型 | REO-3 | 呼肠孤病毒科正呼肠孤病毒属 |
| 2 | 淋巴细胞性脉络丛脑膜炎病毒 | LCMV | 呼肠孤病毒科正呼肠孤病毒属 |
| 3 | 鼠细小病毒 | MVM | 沙粒病毒科沙粒病毒属 |
| 4 | 小鼠肝炎病毒 | MHV | 细小病毒亚科细小病毒属 |

续表

| 序号 | 病毒名称 | 英文缩写 | 种属 |
|---|---|---|---|
| 5 | 大鼠冠状病毒 | RCV | 冠状病毒科冠状病毒属 |
| 6 | 基尔汉大鼠病毒 | KRV | 冠状病毒科冠状病毒属 |
| 7 | 小鼠汉坦病毒 | HV | 细小病毒科细小病毒属 |
| 8 | 异嗜性小鼠白血病病毒 | X-MuLV | 布尼亚病毒科汉坦病毒属 |

表 1-12　人源性病毒

| 序号 | 病毒名称 | 英文缩写 | 种属 |
|---|---|---|---|
| 1 | 甲型肝炎病毒 | HAV | 小 RNA 病毒科肠道病毒属 |
| 2 | 乙型肝炎病毒 | HBV | 嗜肝 DNA 病毒科正嗜肝 DNA 病毒属 |
| 3 | 丙型肝炎病毒 | HCV | 黄病毒科丙型肝炎病毒属 |
| 4 | 丁型肝炎病毒 | HDV | 沙粒病毒科 δ 病毒属 |
| 5 | 戊型肝炎病毒 | HEV | 戊型肝炎病毒科戊型肝炎病毒属 |
| 6 | 庚型肝炎病毒 | HGV | 黄病毒科肝病毒属 |
| 7 | 人乳头瘤病毒 | HPV | 乳多空病毒科乳头瘤空泡病毒 A 属 |
| 8 | 人免疫缺陷病毒 1 型 | HIV-1 | 逆转录病毒科慢病毒属 |
| 9 | 人免疫缺陷病毒 2 型 | HIV-2 | 逆转录病毒科慢病毒属 |
| 10 | 人 T 细胞白血病病毒 1 型 | HTLV-1 | 慢病毒亚科丁型逆转录病毒属 |
| 11 | 人 T 细胞白血病病毒 2 型 | HTLV-2 | 慢病毒亚科丁型逆转录病毒属 |
| 12 | 单纯疱疹病毒 1 型 | HSV-1 | 疱疹病毒科 a 病毒亚科单纯疱疹病毒属 |
| 13 | 细小病毒 B19 | B19 | 细小病毒科红视症病毒属 |

| 序号 | 病毒名称 | 英文缩写 | 种属 |
|---|---|---|---|
| 14 | 森林脑炎病毒 | TBEV | 包膜病毒科黄病毒属 |
| 15 | 朊病毒 | Prion | |

### 表 1-13 牛源性病毒

| 序号 | 病毒名称 | 英文缩写 | 种属 |
|---|---|---|---|
| 1 | 牛病毒性腹泻病毒 | BVDV | 黄病毒科瘟病毒属 |
| 2 | 牛多瘤病毒 | BPyV | 多瘤病毒科多瘤病毒属 |
| 3 | 牛圆环病毒 | BCV | 圆环病毒科圆环病毒属 |
| 4 | 狂犬病病毒 | RV | 弹状病毒科狂犬病毒属 |
| 5 | 牛腺病毒 | | 腺病毒科哺乳动物腺病毒属 |
| 6 | 牛细小病毒 | BPV | 细小病毒亚科细小病毒属 |
| 7 | 牛繁殖与呼吸综合征病毒 | BRSV | 动脉炎病毒科动脉炎病毒属 |
| 8 | 牛传染性鼻气管炎病毒 | IBRV | 疱疹病毒科水痘病毒属 |
| 9 | 牛副流感病毒 3 型 | BPIV3 | 副黏病毒科呼吸道病毒属 |
| 10 | 呼肠孤病毒 3 型 | REO-3 | 呼肠孤病毒科正呼肠孤病毒属 |
| 11 | 卡奇谷病毒 | CVV | 布尼亚病毒科布尼亚病毒属 |
| 12 | 蓝舌病病毒 | BTV | 呼肠孤病毒科环状病毒属 |

### 表 1-14 猪源性病毒

| 序号 | 病毒名称 | 英文缩写 | 种属 |
|---|---|---|---|
| 1 | 猪细小病毒 | PPV | 细小病毒科细小病毒属 |
| 2 | 猪圆环病毒 | PCV | 圆环病毒科圆环病毒属 |

| 序号 | 病毒名称 | 英文缩写 | 种属 |
|---|---|---|---|
| 3 | 猪腺病毒 | PAV | 腺病毒科哺乳动物腺病毒属 |
| 4 | 猪传染性胃肠炎病毒 | TGEV | 冠状病毒科冠状病毒属 |
| 5 | 猪血凝性脑脊髓炎病毒 | PHEV | 冠状病毒科冠状病毒属 |
| 6 | 呼肠孤病毒 | REO | 呼肠孤病毒科正呼肠孤病毒属 |
| 7 | 狂犬病病毒 | PRV | 疱疹病毒科猪疱疹病毒属 |
| 8 | 猪博卡病毒 | PBV | 细小病毒科博卡病毒属 |
| 9 | 猪戊型肝炎病毒 | HEV | 戊型肝炎病毒科戊型肝炎病毒属 |
| 10 | 猪繁殖与呼吸综合征病毒 | PRRS | 动脉炎病毒科动脉炎病毒属 |
| 11 | 脑心肌炎病毒 | EMCV | 小 RNA 病毒科心肌病毒属 |

表 1-15 马源性病毒

| 序号 | 病毒名称 | 英文缩写 | 种属 |
|---|---|---|---|
| 1 | 马传染性贫血病病毒 | EIAV | 反录病毒科曼病毒属 |
| 2 | 马流感病毒 | EIV | 正黏病毒科流感病毒属 |
| 3 | 非洲马瘟病毒 | AHSV | 呼肠孤病毒科环状病毒属 |
| 4 | 马脑脊髓炎病毒 | EEV | 包膜病毒科甲病毒属 |
| 5 | 马动脉炎病毒 | EAV | 动脉炎病毒科动脉炎病毒属 |
| 6 | 马乳头状瘤病毒 | EPV | 乳多空病毒科乳头瘤空泡病毒A 属 |

表 1-16 兔源性病毒

| 序号 | 病毒名称 | 英文缩写 | 种属 |
|---|---|---|---|
| 1 | 兔病毒性出血症病毒 | RHDV | 细小病毒科细小病毒属 |

| 序号 | 病毒名称 | 英文缩写 | 种属 |
|------|---------|---------|------|
| 2 | 兔痘病毒 | RPV | 痘病毒科兔痘病毒属 |
| 3 | 疱疹病毒 | LHV | 疱疹病毒科 |
| 4 | 兔乳头状病毒 | CRPV | 乳多空病毒科乳多空病毒科 |
| 5 | 水疱性口炎病毒 | VSV | 弹状病毒科水疱病毒属 |
| 6 | 轮状病毒 | RV | 呼肠弧病毒科轮状病毒属 |
| 7 | 黏液瘤病毒 | MYXV | 痘病毒科野兔痘病毒属 |

表 1-17　蛇源性病毒

| 序号 | 病毒名称 | 英文缩写 | 种属 |
|------|---------|---------|------|
| 1 | 细小病毒 | PV | 细小病毒科细小病毒属 |
| 2 | 腺病毒 | AdV | 腺病毒科哺乳动物腺病毒属 |
| 3 | 疱疹病毒 | HSV | 疱疹病毒科 |
| 4 | 小核糖核酸病毒 | Picornavirus | 小核糖核酸病毒科 |
| 5 | 副黏病毒 | PMV | 副黏病毒科 |

表 1-18　植物源性病毒

| 序号 | 病毒名称 | 英文缩写 | 种属 |
|------|---------|---------|------|
| 1 | 烟草花叶病毒 | TMV | 烟草花叶病毒属 |
| 2 | 马铃薯 Y 病毒 | PVY | 马铃薯 Y 病毒属 |
| 3 | 郁金香碎色花病毒 | TMV | 马铃薯 Y 病毒科 |
| 4 | 车前草病毒 | HRV | |
| 5 | 水稻瘤矮病毒 | RGDV | 植物呼肠弧病毒属 |
| 6 | 甘蔗花叶病毒 | SCMV | |

　　鉴于人们对病毒的认知是一个渐进过程，需对未知病毒有所

考虑。研究表明，野生动物携带的微生物可能是潜在的引发人类新发突发传染病的病原体。例如，人们熟悉的引发重症急性呼吸综合征（SARS）、中东呼吸综合征（MERS）、埃博拉病毒病（Ebola Virus Disease）的病毒性病原体与野生哺乳动物蝙蝠携带的病毒最为接近。随着人类活动范围的不断扩大、社会与地理生态环境的不断变化，人类与野生动物、昆虫等媒介动物的接触机会不断增加，这些在自然界长期存在的病原体，一旦突破物种屏障传播到人和家畜，就会造成新发传染病的频繁发生。病毒的变异是由多种因素引起的，抗原变异、毒力变异、耐药性变异、性状变异及对理化因素抵抗力的变异等都可能单独或共同诱发病毒变异。病毒的突变和进化，在特殊情况下会越过宿主屏障向人类迁移，新的病毒性疾病将会不断出现，原已经控制的病毒性疾病也将以新的面目出现。如禽流感病毒通常只感染鸟类，但随着病毒变异，已发现多个亚型可以从家禽传染到人类（如 H7N9）。此外，由于现有检测方法和检测手段的局限，很多病毒未能检出，在人类中传播的 263 种已知病毒，仅占疑似潜伏的、可能感染人体的病毒总数的不到 0.1%。

# 2 国内外病毒安全相关法规及综述

随着对生物制品病毒安全控制的日益加强，各国药品监管机构和业界在广泛经验积累的基础上，陆续出台针对生物制品病毒安全控制与评估的相关法规和技术规范。

## 2.1 病毒安全相关法规

据不完全统计，国内外病毒安全相关法规已有数十个，其中有些仅就病毒安全提出总体要求，有些对病毒安全作了较为系统的阐述，有些是针对某类治疗用生物制品颁布的病毒安全指南，还有一部分是关于病毒安全控制较为具体的控制要点。另外，这些法规的颁布机构、起草颁布和修订情况等不同，就病毒安全的具体控制要求也会存在一定的差异。因此，本节归纳整理国内外病毒安全相关法规，在形成国内、ICH及欧美病毒安全相关法规列表的基础之上，按照总体要求、病毒污染源控制、生产过程原材料控制、病毒灭活/去除工艺、病毒灭活/去除要求、病毒灭活/去除验证、注册申报、产品上市后控制几个方面对法规进行归纳总结，其目的在于帮助相关各方更为系统地认识理解现有法规，以有利于进一步开展病毒安全相关工作。

### 2.1.1 国内病毒安全相关法规列表

目前，国内治疗用生物制品病毒安全相关法规要求分散于《药品注册管理办法》《中国药典》和相关产品质量控制的指导原则（血液制品，重组 DNA 制品、人用单克隆抗体、细胞治疗产品）等文件之中，相关法规文件列表见表 2-1。

表 2-1　国内病毒安全性相关法规汇总

| 发布时间（年） | 文件名称 | 阐述重点 | 适用范围 |
|---|---|---|---|
| 2002 | 血液制品去除／灭活病毒技术方法及验证指导原则 | 病毒去除／灭活技术及验证 | 血液制品 |
| 2002 | 关于进一步加强牛源性及其相关药品监督管理的公告 | 污染源控制，原材料控制 | 生物制品 |
| 2003 | 人用单克隆抗体质量控制技术指导原则 | 单克隆抗体制品的综合要求 | 单克隆抗体 |
| 2003 | 人用重组 DNA 制品质量控制技术指导原则 | 重组 DNA 制品的综合要求 | 重组 DNA 制品 |
| 2003 | 细胞培养用牛血清生产和质量控制技术指导原则 | 污染源控制，原材料控制 | 生物制品 |
| 2005 | 生物组织提取制品和真核细胞表达制品的病毒安全性评价技术审评一般原则 | 病毒安全性评价 | 单克隆抗体／重组 DNA 蛋白制品／生物组织提取制品 |
| 2005 | 疫苗生产用细胞基质的技术审评一般原则 | 疫苗的综合要求 | 疫苗 |
| 2011 | 2010 版 GMP，附录 4 血液制品 | 血液制品的综合要求 | 血液制品 |

| 发布时间<br>（年） | 文件名称 | 阐述重点 | 适用范围 |
|---|---|---|---|
| 2017 | 细胞治疗产品研究与评价技术指导原则（试行） | 细胞治疗产品的综合要求 | 细胞治疗产品 |
| 2018 | 细胞治疗产品申请临床试验药学研究和申报资料的考虑要点 | 细胞治疗产品的综合要求 | 细胞治疗产品 |
| 2020 | 《中国药典》2020年版三部凡例–基本要求 | 生物制品的综合要求 | 生物制品 |
| 2020 | 《中国药典》2020年版三部生物制品通则–生物制品生产用原材料及辅料质量控制 | 生物制品的综合要求 | 生物制品生产用原辅料 |
| 2020 | 《中国药典》2020年版三部生物制品通则–生物制品生产检定用动物细胞基质制备及质量控制 | 污染源控制，细胞基质的控制 | 单克隆抗体/重组DNA蛋白制品 |
| 2020 | 《中国药典》2020年版三部生物制品通则–血液制品生产用人血浆 | 污染源控制，血浆病毒检测 | 血液制品 |
| 2020 | 《中国药典》2020年版三部生物制品通则–生物制品病毒安全性控制 | 病毒安全控制的一般原则和具体要求 | 生物制品 |
| 2020 | 《中国药典》2020年版三部（通则3302）外源病毒因子检查法 | 病毒检测 | 生物制品 |
| 2020 | 《中国药典》2020年版三部（通则3303）鼠源性病毒检查法 | 病毒检测 | 生物制品 |
| 2020 | 《中国药典》2020年版三部（通则3306）血液制品生产用人血浆病毒核酸检测技术要求 | 病毒检测 | 血液制品 |
| 2020 | 《中国药典》2020年版三部通则3604新生牛血清 | 病毒检测 | 生物制品 |

## 2.1.2 国外病毒安全相关法规列表

目前国外相关法规文件中，ICH Q5A（R1）是国际上相对较早且系统阐述病毒安全要求的法规文件，该文件发布于 1999 年，着重讨论人类或动物细胞经生物工程技术培养而获得的生物制品的病毒安全检测和评价，此外其技术要求也涵盖重组类疫苗和杂交瘤体内培养腹水收获的制品，但不涵盖灭活疫苗、活疫苗和其他基因工程改造所得的活载体等。此文件中所讨论的对象为传统意义上的病毒，并不包括疯牛病病毒、瘙痒病病毒等传染性海绵状脑病朊病毒类。另外，基于生物制品中有很大一部分是由细胞培养产生的，ICH Q5D 中详细阐述了对细胞基质的鉴定和检测相关原则。欧盟药监机构及美国药监机构的多项单行本的法规文件几乎都以 Q5A 和 Q5D 作为一份核心的技术及法规性引用来源。

除此之外美国食品药品管理局（FDA）和欧洲药品管理局（EMA）还发布了一些更加细化的法规要求。1997 年，美国 FDA 发布了《人用单克隆抗体制品制备和检测中的考虑要点》（以下简称单克隆抗体考虑要点）（Points to Consider in the Manufacture and Testing of Monoclonal Antibody Products for Human Use），用以指导单克隆抗体新药申请以及上市许可申请需要递交的资料信息，旨在保障单克隆抗体产品的细胞安全性，从细胞库 / 原材料控制、生产工艺控制、病毒灭活 / 去除步骤等多方面考虑要点提出指导性意见和建议。其中还提到模块化病毒清除工艺模块化验证的概念，对于模块化工艺生产的单克隆抗体制品，可借鉴同类产品的病毒清除研究数据。需要指出具体的"考虑点"并非是法规要求，也不是指导原则，但确代表着美国 FDA 生物制品评价和研究中心（CBER）专家们当前的普遍共识。总体上，美国 FDA 遵从 ICH Q5A 的要求，并将之收载在《美国药典》当中（USP General Chapters：<1050> Viral Safety Evaluation of Biotechnology Products Derived from Cell Lines of Human or Animal）。USP<1050.1> 为 USP<1050> 的姊妹文件，着重于对病毒清除工艺的设计、评估和特性鉴定方面，在指示病毒的选择、工艺清除能力、缩小纯化模型的建立以及确认、取样时间点的选择、检测方法选择及确认、储存以及冷冻对病毒清除样品的影响、试验用病毒储存液的确认以及清除工艺的影响因素、如何执行病毒清除试验方面给出了更为细化、更具有可参考性的指导。

EMA 针对生物制品病毒安全性制定和颁布法规指南文件先从控制起始原材料及建立合适的病毒清除工艺入手，随之进入到临床期研究药品制备过程中的病毒安全性控制，然后再进入到获批进入市场的药物生产制备环节。依此顺序逐步建立起有效控制病毒污染风险的机制及相应的研究方法，从而使得 EMA 对于生物制品的病毒安全性控制策略得以健全完善。

EMA 在 2006 年颁布的《生物技术新型药物产品的病毒安全性评价指南》（Guideline on Virus Safety Evaluation of Biotechnological Investigational Medicinal Products）为有关临床试验中使用的生物技术新型药物产品的病毒安全性提供了科学指导。该指南提供了生物技术新型药物病毒安全性评估研究的标准，特别是在临床研究之前及临床期间所需的验证研究。介绍了制药企业应在何种程度上借鉴其有关病毒安全评估的内部经验；并讲解了对于生物技术药物产品安全性评价的风险评估工作。该指南是基于 ICH Q5A 有关生物技术药物产品批准上市所需的数据要求，制定了生物技术药物产品的临床研发阶段应遵循的基本原则。

EMA 在 2008 年发布的《单克隆抗体及其相关产品的开发、生产、特性鉴定和规范指南》[ Guideline On Development，Production，Characterisation And Specifications For Monoclonal Antibodies And Related Products（EMA/CHMP/BWP/532517/2008）]，以单克隆抗体药物的制备作为其重点研究和监管的内容。该指南涉及单克隆抗体类制品批准上市时的质量要求，对这类产品的开发、生产、特性鉴定和质量控制提供了指导。在指南中提出了平台制造工艺的概念，以支持在适宜情况下，使用源自经验数据用以实现相关的生产工艺。该指南不包括关于使用特定分析方法的要求，以便在选择方法时考虑灵活性，并考虑未来的技术演变。

EMA 颁布的该指南对以较为标准化生产平台所制备的单克隆抗体类生物制品提供了相应的技术要求和指导，这里所提到的标准化生产平台是指大多数单克隆抗体制品具有的比较相似的制备流程，例如采用同样的种子细胞库和工作细胞库、相同或相近的细胞扩培方法、比较相似的下游纯化工艺等。针对市场上较为成熟的单克隆抗体制品的制备、法规的监管理念和方法等方面，标准化的生产工艺即意味着有一定的历史经验可以被应用到新注册品种、新工艺、新的生产厂房等工作中，并有利于各工艺环节的法规监管水平得以有效的更新和发展。因此该指南也对制药企业提出要求，即之前的生产工艺数据可以应用于制备新的产品须有合理的理由和基础理论作为支撑。以病毒清除工艺为例，对于生物制药生产过程中某个特定的病毒灭活/去除的工艺步骤，可由之前生产工艺平台中获取的数据（如产品中间体处于相同的工艺位置、具有类似的生化特性并经历过一致的纯化工艺处理），来说明该病毒灭活/去除步骤的合理性和可行性。

国外相关病毒安全法规见表2-2。

表2-2　国外病毒安全性相关法规汇总

| 发布时间（年） | 国家/区域 | 文件名称 | 阐述重点 | 适用范围 |
|---|---|---|---|---|
| **病毒安全性评价、去除技术、验证** | | | | |
| 1999 | ICH | ICH Q5A (R1): Viral Safety Evaluation of Biotechnology Products Derived from Cell Lines of Human or Animal Origen<br>人体或动物细胞来源的生物技术产品的病毒安全评价 | 病毒安全性评价 | 生物制品 |
| 2016 | EU | EP 5.1.7 (9.5): Viral safety<br>病毒安全 | 病毒安全性要求 | 生物制品 |
| 2009 | EU | EMEA/CHMP/BWP/398498/2005: Guideline on Virus Safety Evaluation of Biotechnological Investigational Medicinal Products<br>生物技术新型药物产品的病毒安全性评价指南 | 病毒安全性评价 | 单克隆抗体/重组 DNA 蛋白制品 |
| 1996 | EU | CHMP/BWP/268/95: Note for Guidance on Virus Validation Studies – The Design, Control and Interpretation of Studies Validating the Inactivation and Removal of Viruses<br>病毒验证研究指南注解 - 病毒灭活和去除验证研究中的设计，控制及解读 | 病毒灭活技术及验证 | 单克隆抗体/重组 DNA 蛋白制品/血液制品 |

| 发布时间（年） | 国家/区域 | 文件名称 | 阐述重点 | 适用范围 |
|---|---|---|---|---|
| 2016 | US | USP 1050 (40–35NF): Viral Safety Evaluation of Biotechnology Products Derived from Cell Lines of Human or Animal<br>人体或动物细胞来源的生物技术产品的病毒安全评价 | 病毒安全性评价 | 单克隆抗体/重组 DNA 蛋白制品 |
| 2016 | US | USP 1051 (40–35NF): Design, Evaluation, and Characterization of Viral Clearance Procedure<br>病毒清除程序的设计，评价和表征 | 病毒安全性评价 | 单克隆抗体/重组 DNA 蛋白制品 |
| 单克隆抗体、重组 DNA 制品、血液制品、基因治疗产品 | | | | |
| 2016 | EU | EMA/CHMP/BWP/532517/2008: Guideline on Development, Production, Characterisation and Specification for Monoclonal Antibodies and Related Products<br>单克隆抗体及其相关产品的开发、生产、特性鉴定和规范指南 | 单克隆抗体制品的综合要求 | 单克隆抗体制品 |
| 2016 | EU | EP 853 (9.0): Human plasma for fractionation<br>人血浆成分分离 | 血液制品的综合要求 | 血液制品 |
| 2016 | EU | EP 1646 (9.0): Human plasma pooled and treated for virus inactivation<br>人血浆合并及病毒灭活处理 | 血液制品的综合要求 | 血液制品 |
| 2012 | EU | EMA/CHMP/BWP/706271/2010 Guideline on plasma–derived medicinal products Revision 4<br>血液制品指南 第 4 版 | 血液制品的综合要求 | 血液制品 |

| 发布时间（年） | 国家/区域 | 文件名称 | 阐述重点 | 适用范围 |
|---|---|---|---|---|
| 2011 | EU | EudraLex – Volume 4 Good manufacturing practice (GMP) Guidelines, Annex 14: Manufacture of Medicinal Products Derived from Human Blood or Plasma<br>GMP 指南第 4 卷，附录 14：人体血液或血浆来源医药产品生产 | 血液制品的综合要求 | 血液制品 |
| 2003 | EU | DIRECTIVE 2002/98/EC: Setting standards of quality and safety for the collection, testing, processing, storage and distribution of human blood and blood components and amending Directive 2001/83/EC<br>人血及成分血的收集、检测、处理、储存和分配中质量和安全的标准制定 | 血液制品的综合要求 | 血液制品 |
| N/A | US | 21 CFR Part 606: Current good manufacturing practice for blood and blood components<br>血液及成分血的现行良好操作规范 | 血液制品的综合要求 | 血液制品 |
| N/A | US | 21 CFR Part 630: Requirements for Blood and Blood Components Intended for Transfusion or for Further Manufacturing use<br>用于输血或生产使用的血液及成分血的要求 | 血液制品的综合要求 | 血液制品 |
| N/A | US | 21 CFR Part 640: Additional Standards for Human Blood and Blood Products<br>人血及其制品的其他标准 | 血液制品的综合要求 | 血液制品 |

| 发布时间（年） | 国家/区域 | 文件名称 | 阐述重点 | 适用范围 |
|---|---|---|---|---|
| 2016 | US | USP 1180 (40–NF35) Human Plasma<br>人血浆 | 血液制品的综合要求 | 血液制品 |
| 1997 | US | FDA Points to Consider in the Manufacture and Testing of Monoclonal Antibody Products For Human Use<br>人用单克隆抗体制品制备和检测中的考虑要点 | 单克隆抗体制品的综合要求 | 单克隆抗体制品 |
| 1985 | US | FDA Points to Consider in the Production and Testing of New Drug and Biologicals Produced by Recombinant DNA Technology<br>采用重组 DNA 技术的新药和生物制品的生产和检测的考虑要点 | 重组 DNA 制品的综合要求 | 重组 DNA 蛋白制品 |
| 1998 | GAO–HEHS–98–205 | Blood Plasma Safety: Plasma product risks are low if good manufacturing practices are followed<br>血浆安全：遵循良好生产规范可降低血制品风险 | 血液制品的综合要求 | 血液制品 |
| N/A | PPTA | Quality standards for excellence, assurance, and leadership (QSEAL)<br>卓越，保障及领导力的质量标准 | 血液制品的综合要求 | 血液制品 |

**污染源控制及病毒检测方法**

| 发布时间（年） | 国家/区域 | 文件名称 | 阐述重点 | 适用范围 |
|---|---|---|---|---|
| 1997 | ICH | Q5D Derivation and Characterization of Cell Substrates Used for Production of Biotechnological/Biological Products<br>用于生物技术/生物制品的细胞基质的来源和表征 | 污染源控制，细胞基质的控制 | 单克隆抗体/重组 DNA 蛋白制品 |

| 发布时间（年） | 国家/区域 | 文件名称 | 阐述重点 | 适用范围 |
|---|---|---|---|---|
| 1993 | US | FDA Points to Consider in the Characterization of Cell Lines Used to Produce Biologicals<br>用于生物制品生产的细胞系鉴定的考虑要点 | 污染源控制，细胞基质的控制 | 单克隆抗体/重组 DNA 蛋白制品 |
| 2015 | US | FDA. Guidance for Industry: Revised recommendations for the prevention of human immunodeficiency virus (HIV) transmission by blood and blood products<br>行业指南：关于预防血液和血制品传播人免疫缺陷病毒的修订建议 | 污染源控制 | 血液制品 |
| 1987 | US | FDA. Recommendations for the management of donors and units that are initially reactive for hepatitis B surface antigen (HBsAg) [letter]<br>关于对捐赠者和单位对乙型肝炎表面抗原初始反应的管理建议 | 污染源控制 | 血液制品/细胞治疗产品 |
| 2017 | US | FDA. Guidance for industry: nucleic acid testing (NAT) for human immunodeficiency virus type 1 (HIV-1) and hepatitis C virus (HCV): testing, product disposition, and donor deferral and reentry<br>行业指南：人免疫缺陷病毒1型（HIV-1）和丙型肝炎病毒（HCV）的核酸检测：检测，产品配置，供体屏蔽与归队 | 污染性控制/病毒检测 | 血液制品/细胞治疗产品 |

| 发布时间（年） | 国家/区域 | 文件名称 | 阐述重点 | 适用范围 |
|---|---|---|---|---|
| 2007 | US | FDA. Guidance for industry: adequate and appropriate donor screening tests for hepatitis B; hepatitis B surface antigen (HBsAg) assays used to test donors of whole blood and blood components, including source plasma and source leuko– cytes<br>行业指南：对乙肝病毒进行充分及合适的献血者筛查；用于献血者全血及成分血，包括原料血浆和白细胞的乙肝表面抗原试验 | 污染性控制/病毒检测 | 血液制品/细胞治疗产品 |
| 2004 | US | FDA. Guidance for industry: use of nucleic acid tests on pooled and individual samples from donors of whole blood and blood components (including source plasma and source leukocytes) to adequately and appropriately reduce the risk of transmission of HIV–1 and HCV<br>行业指南：应用核酸检测技术对献血者全血和成分血（包括原料血浆和白细胞）进行充分且适当的检测以降低HIV–1和HCV的传播风险 | 污染性控制/病毒检测 | 血液制品/细胞治疗产品 |
| 1999 | US | FDA. Guidance for Industry in the manufacture and clinical evaluation of in vitro tests to detect antibodies to the human immunodeficiency virus type 1 and type 2<br>在生产和临床评价中应用体外试验检测抗体中人免疫缺陷病毒Ⅰ型和Ⅱ型的行业指南 | 污染性控制/病毒检测 | 血液制品/细胞治疗产品 |

| 发布时间（年） | 国家／区域 | 文件名称 | 阐述重点 | 适用范围 |
|---|---|---|---|---|
| 1993 | US | FDA. Revised recommendations for testing whole blood, blood components, source plasma, and source leukocytes for antibody to hepatitis C virus encoded antigen (anti-HCV)<br>对全血，成分血，原料血浆和白细胞进行丙型肝炎病毒编码抗原抗体检测的修订建议 | 污染性控制／病毒检测 | 血液制品／细胞治疗产品 |
| 1991 | US | FDA. Recommendations concerning testing for antibody to hepatitis B core antigen (Anti-HBc)<br>关于乙型肝炎核心抗原抗体检测的建议 | 污染性控制／病毒检测 | 血液制品／细胞治疗产品 |
| N/A | US | FDA. Complete list of donor screening assays for infectious agents and HIV diagnostic assays. https://www.fda.gov/biologicsbloodvaccines/bloodbloodproducts/approvedproducts/licensedproductsblas/blooddonorscreening/infectiouS/Disease/ucm080466.htm<br>致病原及 HIV 诊断方法的献血者筛查方法完整清单 | 特定病毒污染控制 | 血液制品／细胞治疗产品 |
| 2016 | EU | EMA/CHMP/BWP/723009/2014: Viral safety of plasma-derived medicinal products with respect to hepatitis E virus (Reflection paper)<br>血浆来源制品中的戊型肝炎病毒安全（读后报告） | 特定病毒污染控制 | 血液制品 |

| 发布时间（年） | 国家/区域 | 文件名称 | 阐述重点 | 适用范围 |
|---|---|---|---|---|
| 2012 | EU | CHMP/BWP/360642/2010: Warning on transmissible agents in summary of product characteristics and package leaflets for plasma–derived medicinal products Revision 1<br>血浆来源制品产品特性和包装说明书中关于传染因子的警示，第一版 | 特定病毒污染控制 | 血液制品 |
| 2011 | EU | CHMP/BWP/303353/2010: Creutzfeldt–Jakob disease and plasma–derived and urine–derived medicinal products (revision 2)<br>克雅氏病，血浆来源及尿源性药用制品（第二版） | 特定病毒污染控制 | 血液制品 |
| 2004 | EU | CPMP/BWP/5136/03: Investigation of manufacturing processes for plasma–derived medicinal products with regard to variant Creutzfeldt–Jakob disease risk<br>血浆来源制品关于克雅氏病风险的生产过程调查 | 特定病毒污染控制 | 血液制品 |
| 2002 | EU | CPMP/BWP/1818/02: Non–remunerated and remunerated donors: safety and supply of plasma–derived medicinal products<br>无偿及有偿献血者：血浆来源制品的安全和供应 | 污染源控制（供体） | 血液制品 |
| 2018 | EU | EP 9.3 Cell substrates for the production of vaccines for human use<br>人用疫苗生产用细胞基质 | 污染源控制/病毒检测 | 疫苗 |

| 发布时间（年） | 国家 / 区域 | 文件名称 | 阐述重点 | 适用范围 |
|---|---|---|---|---|
| 2016 | US | USP 1240 (40–35NF): Virus testing of human plasma for further manufacturing<br>用于后续生产的人血浆病毒检测 | 污染源控制 / 病毒检测 | 血液制品 |
| 2012 | US | FDA. Guidance for industry: use of nucleic acid tests on pooled and individual samples from donors of whole blood and blood components, including source plasma, to reduce the risk of transmission of hepatitis B virus<br>行业指南：对献血者全血和成分血（包括原料血浆和白细胞）的混合及单体样品进行核酸检测以降低乙型肝炎病毒的传播风险 | 污染性控制 / 病毒检测 | 血液制品 |
| 2009 | US | FDA. Guidance for industry: use of nucleic acid tests to reduce the risk of transmission of West Nile Virus from donors of whole blood and blood components intended for transfusion<br>行业指南：对用于输血的全血和成分血进行核酸检测以降低西尼罗病毒的传播风险 | 污染性控制 / 病毒检测 | 血液制品 |
| N/A | US | 21 CFR Part 610: General Biological Products Standards (610.40–610.48)<br>生物制品通用标准 | 污染源控制 / 病毒检测 | 生物制品 |
| N/A | US | USP1047  Gene Therapy Products<br>基因治疗产品 | 污染源控制 / 病毒检测 | 基因治疗产品 |

| 发布时间（年） | 国家/区域 | 文件名称 | 阐述重点 | 适用范围 |
|---|---|---|---|---|
| 2020 | US | FDA Chemistry, Manufacturing, and Control (CMC) Information for Human Gene Therapy Investigational New Drug Applications (INDs)<br>人用基因治疗新药临床研究申请（INDs）的化学，生产和控制（CMC）信息 | 污染源控制/病毒检测 | 基因治疗产品 |
| **生物制品生产用原辅料** | | | | |
| 2010 | US | Characterization and Qualification of Cell Substrates and Other Biological Materials Used in the Production of Viral Vaccines for Infectious Disease Indications<br>用于有传染性疾病的病毒疫苗生产用细胞基质和其他生物材料的鉴定和确认 | 生物制品的综合要求 | 生物制品生产用原辅料 |
| 2016 | EU | EP 5.12 Raw materials of biological origin for the production of cell based and gene therapy medical products<br>用于细胞和基因治疗产品生产的生物来源的原材料 | 生物制品的综合要求 | 生物制品生产用原辅料 |
| 2016 | US | USP<1043> Ancillary materials for Cell, Gene and Tissue-engineered products<br>用于细胞，基因和组织工程产品的辅料 | 生物制品的综合要求 | 生物制品生产用原辅料 |
| **其他** | | | | |
| 2003 | EU | DIRECTIVE 2003/94/EC: Laying down the principles and guidelines of good manufacturing practice in respect of medicinal products for human use and investigational medicinal products for human use<br>制定关于人用药品及其临床研究用药品的良好生产规范的原则和指南 | 人用药品的综合要求 | 人用药品 |

### 2.1.3 病毒安全相关法规总体要求

国内外在保证药品病毒安全性的基本原则是一致的，可归纳为以下三条相互联系的原则。

A. 对细胞系和其他原料（包括各种培养基）进行选择和检测，确保其不含可能对人有感染或致病作用的病毒。

B. 对生产工艺中清除感染性病毒的能力进行评估。

C. 在生产的适当步骤对产品进行病毒检测，确保产品未受感染性病毒的污染。

国内要求生物制品在注册申报时应提供关于外源因子潜在污染的风险评估信息，提供病毒安全性评价研究的详细信息。病毒评价研究应当证明生产中使用的物料的安全性，并且在生产中用于检测、评价和消除潜在风险的措施适当。目前，一般要求生物制品进入临床试验前完成关键工艺的病毒去除与灭活验证，申报生产阶段则要结合色谱介质的使用寿命完成对整个工艺的病毒去除 / 灭活验证。

《中国药典》2020 年版在通则中增订了《生物制品病毒安全性控制要求》。阐明了生物制品病毒安全性控制的一般原则，病毒安全性控制的具体要求（包括来源控制、生产过程控制、产品病毒污染检测、病毒清除工艺验证）以及上市产品的病毒安全性追踪。

2005 年 12 月药品审评中心发布的《生物组织提取制品和真核细胞表达制品的病毒安全性评价技术审评一般原则》阐明了病毒安全性验证研究应包括的基本内容和要求，例如病毒污染的来源和筛查、生物组织原材料、种子库细胞和生产过程中使用的动物性添加材料的病毒检测、病毒检测的具体方法、病毒灭活／去除工艺验证的基本要求等，为特定品种的生产工艺和条件，制定适合的病毒灭活／去除试验研究方案提供参照依据和选择原则。该原则重点突出了对生物组织原材料／种子细胞进行病毒筛查的方法、选择检测的病毒种类、检测要求、病毒灭活／去除验证试验设计应考虑的主要内容，以及在验证研究设计时如何正确选择指示病毒，如何选择病毒灭活／去除的方法，如何总结分析试验资料，如何正确理解验证的试验结果及其代表的意义，如何正确评价病毒安全性检测与感染风险性之间的关系等。

### 2.1.4 病毒污染源控制

国内外法规关于病毒污染源控制的原则一致，即要求筛选和检测用于制备产品的原材料，确保所有进入生产的物质，包括生物组织来源动物、生物组织原材料、细胞、细胞培养基和添加成分均没有病毒污染。但不同法规文件在具体适用范围、具体要求描述方面有时会存在差异，实践中需加以注意并视具体情况选择遵从方式。

### 2.1.4.1 工程细胞（细菌）病毒污染控制

工程细胞（细菌）自身来源于动物或人体，其本身可能携带种属特异的内源性病毒风险。另外，工程细胞（细菌）构建、筛选和建库过程中也有潜在病毒污染风险，包括：工程细胞（细菌）

构建可能采用病毒作为载体；构建、筛选过程使用受到污染的动物源性试剂；构建、筛选和建库过程中从人员或环境中引入污染。因此，从源头杜绝或控制病毒安全风险尤为重要。目前，在工程细胞（细菌）控制方面，需遵循《中国药典》2020 年版三部生物制品通则中关于《生物制品生产检定用动物细胞基质制备及质量控制》《人用重组单克隆抗体制品总论》和《人用重组 DNA 蛋白制品总论》等其他法规文件也对工程细胞（细菌）控制作出要求。具体要求如下。

A. 工程细胞（细菌）历史及溯源须明确，所有类型细胞的供体应无传染性疾病或未知病原的疾病，名称、来源、传代历史和检定情况清晰可追溯。

B. 细胞建库应在符合中国《药品生产质量管理规范》（cGMP）（2010 修订）的条件下制备，需详尽记录构建、筛选和建库流程和所使用的物料。

C. 使用具有自我复制能力的病毒作为载体时，要明确记录此病毒载体的详细描述、构建情况、选择依据、病毒载体库的建库流程、转染流程等信息。（美国 FDA 1997）

D. 使用人或动物源性成分，如血清、胰蛋白酶、乳蛋白水解物或其他生物学活性的物质，应具有这些成分的来源、批号、制备方法、质量控制、检测结果和质量保证的相关资料。

E. 细胞库一般按三级管理，包括原始细胞库（PCB）、主细胞库（MCB）及工作细胞库（WCB）。如为引进的细胞可采取 MCB 和 WCB 二级管理。

F. 细胞库建立后应至少对 MCB 细胞及生产终末细胞( EOPC ) 进行一次全面检定，当生产工艺发生改变时，应重新对 EOPC 进行检测。每次从 MCB 建立一个新的 WCB，均应按规定项目进行检定。

G. 当对细胞系的构建、筛选或者建库流程和物料进行改动时，需重新评估以明确变化是否会改变后续病毒检测和控制所关注的病毒种类。

国内对细胞库的检定遵照《中国药典》2020 年版三部生物制品通则《生物制品生产检定用动物细胞基质制备及质量控制》中的要求，如表 2-3 所示。

表 2-3　《中国药典》2020 年版对不同级别细胞的病毒测试方法

| | | MCB | WCB | EOPC |
|---|---|---|---|---|
| 内、外源病毒污染检查 | 细胞形态观察及血吸附试验 | + | + | + |
| | 体外不同细胞接种培养法 | + | + | + |
| | 动物和鸡胚体内接种法 | + | − | + |
| | 逆转录病毒检查 | + | − | + |
| | 种属特异性病毒检查 | （+） | − | − |
| | 牛源性病毒检查 | （+） | （+） | （+） |
| | 猪源性病毒检查 | （+） | （+） | （+） |
| | 其他特定病毒检查 | （+） | （+） | （+） |

①生产终末细胞，是指在或超过生产末期时收获的细胞，尽可能取按生产规模制备的生产末期细胞。

②"+"为必检项目，"−"为非强制检定项目，（+）表示需要根据细胞特性、传代历史、培养过程等情况要求的检定项目。

ICH、美国 FDA 和 EMA 对细胞库检定的要求基本类似，本文以 ICH Q5A 为例，在表 2-4 中列出了对 MCB 和 WCB 进行病毒检测的要求。

表 2-4　ICH Q5A 中对细胞库检定要求

| 检测 | MCB | WCB | EOPC |
|---|---|---|---|
| **逆转录病毒及其他内源性病毒** | | | |
| 感染性实验 | + | - | + |
| 电镜 | + | - | + |
| 逆转录酶活性检测 | +[1] | - | +[1] |
| 其他特异性病毒 | 如若适用[2] | - | 如若适用[2] |
| **非内源性或外源性病毒** | | | |
| 体外法检测外源病毒 | + | -[3] | + |
| 体内法检测外源病毒 | + | -[3] | + |
| 抗体产生实验 | +[4] | - | - |
| 其他特异性病毒 | 如若适用[5] | - | - |

1. 若感染性实验结果阳性，则此研究可不做。
2. 若已知所用细胞系有特定病毒污染，需进行特异性病毒检测。
3. 第一个 WCB 时，此测试应在该 WCB 产生的达到体外限传代次细胞上进行；以后的 WCB，可直接在 WCB 上进行单项体外和体内测试，或在达到体外限传代次的细胞上测试。
4. 一般适用于啮齿动物细胞系，如仓鼠、小鼠、大鼠抗体产生实验。
5. 对来源于人类、非人灵长类动物或其他动物的细胞系进行特异性检测。

需要注意的是，上述检测结果并不能完全判定细胞库是否可以被接受用于制品生产。比如一些细胞株可能会检出内源性病毒阳性的情况，如 CHO 细胞的电镜检测可能会观察到（逆转录）病毒样颗粒（virus like particles）和逆转录酶活性检测可能呈现阳性。当需要评估次细胞株 / 库是否可用于生产时需结合细胞种属特征和感染性实验结果来评估内源性病毒风险。具体评估方法，可参照 ICH Q5A 中所制定的行动方案。

国内对细胞库的检定要求与 ICH Q5A 要求在检测项目上存在细微差异，见表 2-5。

表 2-5　国内外法规对细胞基质的要求区别

| 差异点 | 中国 | ICH |
|---|---|---|
| 细胞系或未加工品的病毒风险等级分类 | 无要求 | 根据细胞或未加工品检测结果的不同，将细胞系或未加工品的病毒风险分为了 A、B、C、D、E 五个风险等级，因此在细胞系的检测方面，指出在使用某些已知被特异性病毒感染的细胞系时，应对此内源性病毒进行检测 |
| 细胞形态观察和血吸附试验 | 要求 | 无要求 |
| WCB 及 EOPC 的检测 | 通常要求每个批次的 WCB 均需要检测 | 在建立第一个工作代细胞库后，由对 WCB 产生的达到体外限传代次的细胞进行体外检测，以后的 WCB，可直接对 WCB 进行单项体外和体内检测，或对达到体外限传代次的细胞进行检测 |
| 牛源性和猪源性胰蛋白酶的检测 | 要求 * | 并没有明确指出上述要求，但若实际建立或传代过程中使用了生物源性的材料，则需通过风险评估的方式判断对潜在病毒的检测 |

*《中国药典》2020 年版中特别指出对牛源性病毒和猪源性胰蛋白酶的检测要求，指出若在生产者建立之前，细胞基质在建立或传代历史中使用了牛血清 / 猪源性胰蛋白酶，则所建立的 MCB 或 WCB 和（或）EOPC 至少应按要求检测一次牛源性病毒或与来源动物相关的外源病毒，包括猪细小病毒或牛细小病毒。如在后续生产中不再使用，且如果在后续生产过程中不再使用牛血清，且 MCB 和（或）EOPC 检测显示无牛源性 / 猪源性病毒污染，则后续工艺中可不再重复进行检测。如使用重组胰蛋白酶，应根据胰蛋白酶生产工艺可能引入的外源性病毒评估需要检测的病毒种类及方法。

ICH Q5A 将细胞系或未加工品的病毒风险分为了 A、B、C、D、E 五个风险等级，根据风险等级制定清除策略。此外，分别定义了模型病毒、特异性模型病毒和非特异性模型病毒，对于不同风险等级的细胞系进行评估，以确定使用何种病毒（表 2-6）。目前国内的《生物组织提取制品和真核细胞表达制品的病毒安全性评价技术审评一般原则》中尚未有详细区分，对指示病毒的定义为"在病毒灭活/去除工艺验证研究中使用的用于显示工艺处理效果的感染性活病毒"。

表 2-6　细胞系风险等级及病毒清除策略

| 细胞和（或）未加工品风险等级 | 风险描述 | 病毒清除策略 |
|---|---|---|
| A | 细胞或未加工品中未发现有病毒、病毒样颗粒或逆转录病毒样颗粒 | 使用非特异模型病毒进行病毒去除和病毒灭活研究 |
| B | 只有啮齿类动物逆转录病毒（或非致病性逆转录病毒样颗粒，如啮齿 A 型和 R 型颗粒） | 使用特异模型病毒，如鼠白血病病毒，对工艺进行论证。对于纯化后产品，应使用高特异性和高敏感性的方法对所疑病毒进行测定。上市审批时，应至少提供三批试生产规模或生产规模的纯化后产品的检定数据。常用于药物生产的 CHO、C127、BHK 等细胞系和鼠杂交瘤细胞系，尚未有关于产品病毒污染安全问题的报道。对于这些细胞系，由于其内源性颗粒的性质已经全面鉴定，病毒清除问题也已证实，一般无须再检测纯化后产品的非感染性颗粒。使用如情况 A 中所述的非特异模型病毒即可 |
| C | 已知细胞或未加工品中含有除啮齿类动物逆转录病毒以外的病毒，而这些病毒又无证据证明其对人有感染性 | 病毒去除和灭活的评价研究应使用已鉴定的病毒。如果不能使用已鉴定的病毒，应使用相关模型病毒或特异模型病毒来评估其工艺清除效果是否可被接受。在灭活的关键步骤，应对已鉴定的病毒（或相关模型病毒或特异模型病毒）进行时效性灭活，作为对这些病毒工艺评价的一部分。对于纯化后产品，应用高特异性、高敏感性的方法对所疑病毒进行检测。申请上市时，应至少提供三批试生产规模或生产规模纯化后产品的检定数据 |

| 细胞和（或）未加工品风险等级 | 风险描述 | 病毒清除策略 |
|---|---|---|
| D | 当检测出已知的人致病原时，除特殊情况外，该产品不能被接受 | 在这种情况下，建议用已鉴定的病毒作病毒去除和灭活评价研究，并使用高特异性、高敏感性的特殊方法对所疑病毒进行检测。如无法使用该病毒，应使用"相关"和（或）特异模型病毒（后文叙述）。应证明在工艺纯化和病毒灭活过程中，确已达到去除和灭活所设病毒的目的。应在灭活的关键步骤取得时效性灭活数据，作为工艺评价的一部分。应使用高特异性、高敏感性的方法对纯化后产品中的所疑病毒进行检测。申请上市时，应至少提供三批试生产规模或生产规模的纯化后产品的检定数据 |
| E | 在细胞或未加工品中检测到用现有方法无法分类的病毒时，由于这种病毒有可能是致病性的，因此该产品一般不予接受 | 在极个别的情况下，并有充分说服力和正当理由说明该细胞能用于药物生产时，在进入下一步之前，须与药品监管机构协商 |

### 2.1.4.2 组织或者体液病毒污染控制

以血液制品为例，血液制品（血源）源于捐献者的血液／血浆，倘若某个捐献者血液中携带有病毒，其捐献的血液／血浆又没能剔除，将导致整个批次的血液制品污染，会造成广泛的病毒传播。如前文所述，血液制品病毒安全性事件使药品监管机构和制药工业界意识到从源头控制血液制品病毒污染风险的必要性，包括捐献者筛选、针对捐献者个人的筛查、对混合血浆的筛查。

A. 2010 版 GMP 附录四第五条中要求：必须确保原料血浆的

质量和来源的合法性，必须对生产过程进行严格的控制，特别是病毒的去除和（或）灭活工序，必须对原辅料及产品进行严格的质量控制。

B. 为保障血液制品病毒安全性，应开展献血员筛选、单份血浆和混合血浆的检测。供血浆者的选择中供血浆者血液检验需开展乙型肝炎病毒、丙型肝炎病毒、人类免疫缺陷病毒（HIV-1 和 HIV-2 抗体）和梅毒螺旋体检测。合并血浆需开展乙型肝炎病毒、丙型肝炎病毒、人类免疫缺陷病毒（HIV-1 和 HIV-2）检测。具体可参见《中国药典》2020 年版三部《血液制品生产用人血浆》。

C. 美国 FDA 要求：血浆捐助者的选择和管理，对每一人份血浆的选择和管理；分别对单人份血浆、小混合血浆样品和批生产混合血浆中的传染性病毒病原体进行检测；对献浆员的筛选方法，其中包括检疫期回顾性程序，销毁未使用的由受感染献浆员捐献的不合格血浆。

D. 欧洲的血液制品生产企业大都是血浆蛋白治疗协会（Plasma Protein Therapeutics Association, PPTA）的成员，自愿按照 PPTA 建立的优异、保障和领先质量标准（Quality Standards of Excellence, Assurance and Leadership, QSEAL）血浆质量保证程序进行血浆管理，通常检测 HCV（RNA），HIV（RNA），HBV（DNA），HAV（RNA）和 B19V（DNA）。

E. 《欧洲药典》9.0 中，有相关的章节涉及血液制品的病毒安全性，如：5.1.7《病毒安全性》（Viral Safety），01/2014：0853《用于级分的人血浆》。其中，除了常规的 anti-HIV，

45

HBsAg，Anti-HCV 等检测外，对于混合血浆需要进行 HCV RNA 核酸扩增检测。献浆员的免疫则按照世界卫生组织（WHO）的规定。在涉及一些特定的产品上，如 Anti-D 免疫球蛋白，还单独规定对血浆进行 B19 细小病毒的检测。另外，《欧洲药典》中 01/2015：1646《经病毒灭活处理的混合人血浆》( Human plasma pooled and treated for virus inactivation )，规定了 B19V 和 HEV 的核酸检测方法和指标。

F. ICH Q5A（R1）要求，为保障病毒安全性，采取的有效措施包括献血员筛选、单份血浆和混合血浆的检测以及生产过程中加入 3 个互补的病毒灭活和去除步骤。

《美国药典》35 版（USP 35）〈1180〉中对人用血浆信息进行了综合汇总，重点为用于级分的血浆。该章节包括了血浆的分类、捐献者筛选标准及测试要求等内容。USP 35〈1240〉则专门针对用于生产的人用血浆的病毒检测要求，包括测试原理、检测项目以及目前的法规环境等。和欧洲对血浆检测方法的规定略有不同，美国 FDA 的指导性文件中要求对生产用混合血浆以及小混合血浆样须用核酸扩增方法检测 B19，要求 B19 DNA 滴度不大于 $10^4$ IU/ml（表 2-7）。

表 2-7　FDA 和 EMA 血液制品生产用原料血浆血清学检测要求

| 筛选检测 | FDA | EMA |
|---|---|---|
| 单人份血浆（回收或原料血浆） | | |
| HBsAg | 要求 | 要求 |

| 筛选检测 | FDA | EMA |
|---|---|---|
| Anti–HBc | 不要求 | 不要求 |
| Anti–HIV–1/Anti–HIV–2 | 要求 | 要求 |
| Anti–HTLV–Ⅰ/Ⅱ | 不要求 | 不要求 |
| Anti–HCV | 要求 | 要求 |
| **批混合血浆** | | |
| HBsAg | 不要求，但是血液制品企业普遍检测 | 要求 |
| Anti–HIV | 不要求，但是血液制品企业普遍检测 | 要求 |

表 2–8　FDA 和 EMA 对生产用原料血浆的核酸扩增检测要求

| 筛选检测项目 | FDA | EMA |
|---|---|---|
| **血浆样品小混合的 NAT 检测** | | |
| HIV–1 RNA | 要求，对单人份血浆的检测灵敏度达到 10000 IU/ml | 不要求，但是血液制品企业普遍检测 |
| HCV RNA | 要求，对单人份血浆的检测灵敏度达到 5000 IU/ml | 不要求，但是推荐进行以避免批混合血浆的损失（见下） |
| WNV RNA | 不要求 | 不要求 |
| HBV DNA | 要求，对单人份血浆的检测灵敏度达到 500 IU/ml | 不要求，但是血液制品企业普遍检测 |
| B19V DNA | 生产批混合血浆要求检测，限度 ≤ $10^4$ IU/ml B19V DNA | 对特定产品要求（anti-D 免疫球蛋白和 S/D 处理混合血浆）；生产批限度 B19V DNA 10 IU/L。多数企业自愿实施在所有产品上 |
| HAV RNA | 不要求，但是血液制品企业普遍检测 | S/D 处理混合血浆要求；其他产品不要求。多数企业自愿实施在所有产品上 |

| 筛选检测项目 | FDA | EMA |
|---|---|---|
| HEV | 目前不要求 | 对特殊产品有要求（S/D 处理混合血浆） |
| **生产批混合血浆的 NAT 检测** | | |
| HIV-1 RNA | 不要求，但是血液制品企业普遍检测 | 不要求，但是血液制品企业普遍检测 |
| HCV RNA | 不要求，但是血液制品企业普遍检测 | 要求；HCV RNA 检测限 100 IU/ml，要求阴性 |
| WNV RNA | 不要求 | 不要求 |
| HBV DNA | 不要求，但是血液制品企业普遍检测 | 不要求，但是血液制品企业普遍检测 |
| B19V DNA | 要求；限度为不大于 $10^4$ IU/ml B19V DNA | 对特定产品要求（anti-D 免疫球蛋白和 S/D 处理混合血浆）；B19V DNA 限度 10 IU/L。该要求多数企业自愿采用到所有产品 |
| HAV RNA | 不要求，但是血液制品企业普遍检测 | 对特定产品要求（S/D 处理混合血浆）；检测限 100 IU/ml，要求阴性 |
| HEV | 不要求 | 对特殊产品有要求（S/D 处理混合血浆）。HEV RNA 检测限为 $3.2 \times 10^2$ IU/ml，要求阴性 |

### 2.1.4.3 生物来源物料病毒污染控制

原材料方面应符合《生物制品生产用原材料及辅料质量控制规程》中的要求，对于动物源性来源，我国药品监管机构在 2002 年 7 月颁布了《关于进一步加强牛源性及其相关药品监督管理的公告》旨在防止牛海绵状脑病通过用药途径的传播，保障临床用药安全，对牛源性材料在药品生产上的应用及牛源性相关药品的注册、进口问题作出了明确的规定。此外 2008 年发布的《细胞培养用牛血清生产和质量控制技术指导原则》明确了牛血清的生产质量管理应参照中国 cGMP 执行。

EMA 对临床用生物制品病毒安全性评估的指南中特别将生物来源原材料单独列出来作为分析制品病毒安全性风险评估的一部分。EMA 建议用基于风险的评估方式来综合评价其引入的病毒风险，需关注原材料的种类、来源、生产条件、检测结果以及其在生物制品生产过程中的作用和后续细胞发酵液的病毒检测结果。

A. 细胞培养用牛血清：牛血清的生产应参考国家现行的 GMP 执行，要求不得使用疫区或近期有传染病流行地区（如口蹄疫、结核、布氏、疯牛病疫区等）来源的牛材料。详见《细胞培养用牛血清生产和质量控制技术指导原则》。

B. 新生牛血清的检测要求：新生牛血清检测要求用细胞培养法及荧光抗体检测进行病毒检测，猴源（如 Vero 细胞）、2 种牛源细胞（如 BT 和 MDBK 细胞或无病毒污染的原代牛肾细胞）以及人二倍体细胞作为指示细胞。对于 BT 细胞，BVDV 可作为病变阳性对照，BPIV3 可作为 HAd 阳性对照，牛副流感病毒 3 型（PI3）、牛腺病毒（BAV-3）、牛细小病毒（BPV）以及牛腹泻病毒（BVDV）可作为免疫荧光检测（IF）阳性对照；对于 MDBK 细胞，呼肠孤病毒 3 型（REO3）和 PI3 可分别作为细胞病变及 HAd 检查阳性对照，PI3、BAV-3、BVDV、REO3 为 IF 阳性对照；对于 Vero 细胞，PI3 可作为细胞病变及 HAd 检查阳性对照，PI3 及 REO3 作为 IF 检测阳性对照。可不设立狂犬病病毒（Rabies）阳性对照。所有 IF 检测阳性对照病毒应接种 100~300CCID$_{50}$。详细内容可参见《中国药典》2020 年版三部（通则 3604）《新生牛血清检测要求》。

除此之外，EMA 法规建议对胎牛血清考虑以下几点。可追溯性：每一批次血浆都应能追溯到屠宰场，屠宰场要有动物来源的农场清单；地理学起源：胎牛血必须来自 GBR Ⅰ 及 Ⅱ 类国家；屠宰方法：应采用非穿透性眩晕器及电麻醉。穿透性眩晕器可能破坏脑袋，并使脑袋中的东西进入血液。

C. 可传播性海绵体脑炎（TSE）风险控制：动物中的 TSE 疾病包括：疯牛病、羊痒病、鹿慢性消耗病、养殖水貂的貂传染性脑病等。在生产中应优先使用非 TSE 相关动物或非动物来源物料。

由于目前尚难以采用致病性朊蛋白（如传染性海绵状脑病因子）的指示因子对去除朊蛋白的工艺进行验证，因此对牛、羊源性材料制品的传染性海绵状脑病安全性还主要是对源头进行控制。我国药品监管机构在 2002 年 7 月颁布的《关于进一步加强牛源性及其相关药品监督管理的公告》中对牛源性材料作为原料或辅料辅型剂要求生产厂家遵循相应原则并提供相关的资料和官方证明文件，并列出了截至 2002 年 4 月底已发生疯牛病的国家。EMA 法规建议降低 TSE 风险应同时考虑以下因素：动物来源及其地理位置；动物物料的属性及防止其与高风险物料交叉污染的措施以及生产工艺，包括质量保证系统以保证产品的一致性和可追溯性。由于发现了与牛海绵状脑病（BSE）相关的雅氏症（vCJD），欧盟要求对动物的来源地、所用组织及生产方法进行控制以保证产品的安全性。

D. 胰蛋白酶：EMA 法规建议胰蛋白酶应至少考虑以下病毒风险因素：控制起始物料（胰腺）来源的猪；病毒检测方法的可用性及检测的阶段；胰蛋白酶本身病毒的灭活；胰蛋白酶生产阶段的病毒灭活 / 去除；胰蛋白酶用作试剂时的药品生产阶段；病毒在细胞中复制的风险；药品生产阶段的病毒灭活 / 去除步骤；单剂量药品对应生产使用的胰蛋白酶用量；药品的给药途径。要求生物制品制造厂商应有胰蛋白酶的足够信息，以便进行风险评估，向官方提供足够的数据包以便官方进行评估。这些信息应包括：检测方法、病毒检测的阶段、病毒检测的体积和灵敏度。应把病毒清除验证报告提供给官方。如果胰蛋白酶供应商更换，则应针对新的胰蛋白酶提供上述资料。

## 2.1.5 生产过程原材料控制

### 2.1.5.1 生物来源物料病毒污染检测

生产过程中使用或添加的其他生物来源物质，如培养基、血清、抗生素、荧光显色抗体等均可能引入外源污染物。基于目前的生物制品制备技术，建议尽量采用非生物来源的、化学成品明确的培养基和其他添加物。若原材料为生物来源，则需重点关注外源病毒污染风险，包括种属特异性的病毒检测和对 TSE/BSE 的风险评估。存在病毒污染风险的生物来源物料见上文"生物来源物料病毒污染控制"。

### 2.1.5.2 基因工程细胞（细菌）类治疗用生物制品的生产过程检测

国内要求基因工程细胞（细菌）类治疗用生物制品全生产过程应符合 GMP 的基本原则和相关要求。考虑到生产过程中可能引入携带病毒的生物源性物料，且某些病毒在 MCB 和 WCB 阶段并未被检出。在 EOPC 或者细胞体外传代限定代次内（cells at the limit of in vitro passage age）阶段进行病毒检测能够评估某一上游生产工艺的病毒安全性风险。ICH、美国 FDA 和 EMA 对 EOPC 的检定要求基本类似。EOPC 的病毒安全风险与生产工艺密切相关，一般认为应对中试或商业化生产工艺中获得的 EOPC 进行一次检定，当工艺变更培养基或培养规模时，需重新对 EOPC 进行评估以确定无新病毒风险引入。一些情况下可用对体外传代限定代次内细胞的检测来代替 EOPC 检定，以方便后续开发过程中延长细胞培养时间的情况。

ICH、美国 FDA 和 EMA 均要求将细胞收获液（Unprocessed Bulk, UPB）作为关键的中间控制项目。ICH Q5A 认为，从生产反应罐中获取的未经处理的发酵液是最适合检查病毒污染的典型样本，若有污染，病毒污染也最有可能被检测出来。对细胞发酵液的检定项目主要还是集中在内外源病毒和种属特异性病毒。此阶段，对于病毒（样）颗粒的定量检验也是非常关键的，因为后续病毒清除研究将需要结合发酵液中检测到的病毒（样）颗粒数量，来评估是否可以灭活/去除所有病毒，并提供一定的安全范围。

关于细胞发酵液的检验批次和检定项目的频率也是争议较多的问题。ICH Q5A 仅仅要求在上市申请中包括至少三个批次的细胞发酵液病毒检定数据。而美国 FDA 和 EMA 的法规则要求对每一批临床用药的 UPB 进行检定。对于关键的电镜检测逆转录病毒（样）颗粒实验，美国 FDA 和 EMA 也均表明对于特定开发阶段的批次，可只对前 3 批（若所制备批次少于 3 批，检测批次可更少）UPB 进行电镜检测逆转录病毒（样）颗粒。

美国 FDA 1997《单克隆抗体考虑要点》要求对每批次中间体、纯化后产物（原液）和最终制品（制剂）进行外源污染检测（不限于病毒）。检测要求见表 2-9，可以看出，UPB 在病毒污染检测中要求最严格。

表 2-9　美国 FDA 生物制品批次安全性检定病毒相关要求

| 检测 | 细胞收获液 | 纯化后产物（原液） | 最终制品（制剂） |
|---|---|---|---|
| 外源病毒 | $+^1$ | − | − |
| 种属特异性病毒 | $+^2$ | − | − |
| 逆转录病毒 | $+^3$ | − | − |
| 种属 | + | − | − |

1. 对于非腹水来源的生物制品，基于三种指示细胞系的体外检测实验需常规检测。动物体内检测法一般只进行一次，但当生产工艺发生改变时需重测。

2. 仅对腹水来源生物制品要求进行大鼠/仓鼠/小鼠抗体产生实验。

3. 在鼠系杂交瘤来源制品的发酵液中用电镜方法定量内源性逆转录病毒样颗粒。对于非鼠系杂交瘤，若 MCB 或者 EOPC 检测逆转录病毒呈阳性，则需结合电镜和其他共培养的方法来确证发酵收获液中逆转录病毒风险。

表 2-10　EMA 细胞发酵收获液病毒安全性检定要求

| 检测 | 体外<br>（ *In vitro* ） | 检测感染性逆转录病毒 | 体内<br>（ *In vivo* ） |
|---|---|---|---|
| CHO | 需要，每批 * | 不需要 | 不需要 |
| NS0 和 Sp2/0 | 需要，每批 * | 需要，特定生产规模可仅一次 | 不需要 |
| 其他种类细胞 | 需要，每批 * | 需要，特定生产规模可仅一次 | 需要，特定生产规模可仅一次 |

＊ 对于特定开发阶段的批次，可只对前 3 批（若所制备批次少于 3 批，检测批次或更少）细胞发酵收获液进行电镜检测逆转录病毒（样）颗粒。

表 2-11　细胞发酵收获液的病毒检测要求对比

| | 中国 | ICH | 欧盟（ Ⅰ 期临床前） |
|---|---|---|---|
| 样本阶段 | 确定了细胞培养的基本生产条件和工艺后，应将多批收获物（特指细胞培养结束时的混悬液），在未经任何处理前，对代表性样本进行适宜的病毒污染检测 | 集中回收的一批或多批细胞和培养基。当细胞不易获取（如使用中空纤维或类似装置回收）时，未纯化原液是发酵罐中收获的液体 | 同 ICH |
| 样本要求 | ·在模拟生产条件下，从至少三批培养细胞及其上清液制备的混悬液中抽取的样本<br>·生产过程中不同阶段或者不同时间点采取的样本<br>·抽取的样本量应能够反映培养物整体的情况 | 在进行上市注册申请时，至少应上报三批试生产或规模化生产的未加工品的研究资料 | 每一批临床批次均需按照 ICH Q5A 的要求对未纯化的原液进行检测 |

| | 中国 | ICH | 欧盟（Ⅰ期临床前） |
|---|---|---|---|
| 检测项目要求 | 无针对性的指导原则 | ·对于未加工品病毒测试的范围、程度和频度应结合以下几点综合考虑后作出决定：用于生产产品的细胞系性质、细胞系检定过程中病毒检测的结果和广泛性、培养方法、原料来源和病毒清除研究结果等<br>·对未纯化的原液，一般使用一种或几种细胞系进行体外筛查试验。如适用，可使用PCR试验或其他适当的方法 | 如可能，包含有细胞的收获液应进行体外和PCR的方法检测，必要时需进行逆转录病毒的评估（表2-4）<br>·对于CHO而言，满足上述要求即可，不需要进行额外的测试<br>·对基于NS0或Sp2/0细胞系生产的生物制品，需要在细胞收获后检测感染性逆转录病毒<br>·对于其他细胞系生产的生物制品，需检测逆转录病毒及体内测试，通常只需要检测一批，但如果发生重大工艺变更时可能需要重新检测 |

### 2.1.5.3 组织或者体液类治疗用生物制品的生产过程检测

参见2.1.4.2"组织或者体液病毒污染控制"。

## 2.1.6 病毒灭活/去除工艺

由于治疗用生物制品的特殊性（存在病毒污染源风险），加之病毒检测方法本身的检测范围和灵敏度局限性，人们对生物源性原材料病毒种类的认知局限，只能针对特定的、已知的病毒进行灭活/去除，除了在源头控制病毒和其他微生物污染外，还要求下游纯化步骤能有效清除可能存在或者中途引入的外源病毒污染和细胞可能自带的内源病毒。

欧盟对于血液制品明确要求生产过程中须采取病毒灭活/去除措施，在有效灭活脂包膜病毒措施基础上，至少采用一步可以清除4个lg或以上的非脂包膜病毒的处理工艺。

一些纯化工艺可以灭活（如低pH处理）或者去除（如病毒截留过滤、离子交换色谱）病毒，在设计下游纯化步骤时，需要充分考虑各步骤的纯化机制，保证在生产过程中有多个不同机制的纯化步骤配合，从而灭活/去除不同大小、形态、种属的病毒。由于病毒性质的多样性，国内外的指南中均指出了建议采用两种作用机制不同的工艺步骤清除病毒，至少有一步工艺对无包膜的病毒有效。不同国家的指南中也分别对常见的灭活/去除方法进行了评价。

工程细胞（细菌）类治疗用生物制品病毒灭活/去除方法主要有低pH或S/D、除病毒过滤、阴离子交换、额外的色谱步骤等。

我国药品监管机构和EMA的法规均指出对于不同类型的血液制品，受到潜在污染病毒的可能性不同，因此选择病毒灭活/去除方法的侧重点也应有所不同。国内外法规在大原则上保持一致，但相比之前EMA的对于不同类型血液制品在病毒清除策略方面给出了更详细的指导（表2-12、表2-13）。

表 2-12　不同血液制品病毒清除的考虑点

| 产品类型 | NMPA | EMA |
|---|---|---|
| 凝血因子类产品 | 生产过程中应有特定的能灭活 / 去除脂包膜和非脂包膜病毒的方法，可采用一种或多种方法联合灭活 / 去除病毒 | 生产过程中应有特定的灭活脂包膜病毒方法<br>·凝血因子Ⅸ：应包括有效的清除 HAV 和 B19V 的步骤<br>·热灭活方法对于一些无包膜病毒有局限性，鼓励企业考虑微小、热耐受、无包膜的病毒清除步骤，如除病毒过滤（也称为纳滤）<br>·凝血因子Ⅷ，血管假性血友病因子，纤维蛋白原产品：由于大分子的存在，导致基于孔径的膜分离病毒不太可行。生产过程中至少有一步有效的 HAV 灭活 / 去除步骤。有些病毒对于基于理化性质的方法十分耐受，开发出行之有效的灭活方法较为困难。B19V 可能可以采用精心设计的热灭活步骤（巴氏消毒法或干热灭活）。细小病毒可通过除病毒过滤去除 |
| 免疫球蛋白类制品 | 生产过程中应有特定的灭活脂包膜病毒方法。但从进一步提高这类制品安全性考虑，提倡生产过程中加入特定的针对非脂包膜病毒的灭活 / 去除方法 | 生产过程中至少有一步有效的灭活 / 去除非包膜病毒的方法。可采用乙醇分离 / 沉淀方法，如果该方法无效，可引入其他去除非包膜病毒的步骤。如仅有色谱工艺，那么需要引入其他对非脂包膜病毒有效的方法<br>除病毒过滤（孔径 15~20nm）被证实对多种非包膜病毒的去除有效 |
| 白蛋白 | 采用低温乙醇生产工艺和特定的灭活 / 去除病毒方法，如巴式消毒法等 | 可用巴氏消毒法终端灭菌，提供了极好的病毒安全保障。但仍需从验证过程中了解生产工艺的病毒清除信息。巴氏消毒法验证时需考虑成品的浓度 |
| S/D 血浆 | N/A | 在脂包膜和 HAV 以及 B19 病毒上均有非常良好的控制措施。由于血浆中存在中和抗体，其他的非脂包膜病毒污染风险也较小。但需考虑出现新病毒的风险，因此鼓励企业在供应者筛选时排查或关注新型病毒 |

表 2-13　国内外法规中对于血液制品病毒灭活 / 去除的常见方法推荐 [a]

| | 产品类型 | NMPA | EMA |
|---|---|---|---|
| 巴氏消毒法 | 人血白蛋白及其他血液制品 | X | |
| 乙醇沉淀 | 人血白蛋白 / 免疫球蛋白 | | X |
| 热处理法 | 人血白蛋白及其他血液制品 | | X |
| 干热法（冻干制品） | 冻干血液制品 | X | X |
| 有机溶剂 / 表面活性剂（S/D）处理法 | 人血白蛋白及其他血液制品 | X | X[b] |
| 膜过滤法 | 人血白蛋白及其他血液制品 | X[c] | X |
| 低 pH 孵育法 | 人血白蛋白及其他血液制品 | X | X |

　　a. 方法推荐指目前常见的方法，并不排除其他有效的病毒灭活 / 去除方法。
　　b. 欧盟指南中指出，S/D 法可以作为病毒灭活的既定程序，在设计灭活试验时可借鉴以往的经验，可减少在最差条件下建立灭活曲线的特定产品的验证批次。高的脂含量可能会影响灭活的效率，如果中间品有大量的脂类，在验证时应考虑在内。
　　c. 膜过滤技术只有在滤膜的孔径比病毒有效直径小时才能有效除去病毒。该方法不能单独使用，应与其他方法联合使用。

## 2.1.7 病毒灭活 / 去除验证

　　《生物组织提取制品和真核细胞表达制品的病毒安全性评价技术审评一般原则》指出病毒灭活 / 去除验证研究的目的是为了获取充足的试验研究数据证明生产工艺是否包含有效的病毒灭活 / 去除工艺步骤。一般要求至少包括两种从机制上能够互补的有效工艺步骤。有效处理步骤应对病毒感染性滴度灭活 / 去除的效果达 ≥ 4 lg。病毒灭活 / 去除验证研究应规范，试验设计、试验数据和结果分析等方面应具有科学性。

病毒灭活/去除验证研究应采用模拟生产工艺（缩小的工艺）的方法，应尽量设计与实际生产工艺相关及合理的病毒灭活/去除研究试验方案，尤其是有效的生产工艺步骤，模拟的工艺在试验参数及控制条件方面应与实际工艺严格保持一致。缩小的生产工艺应当尽可能代表实际生产工艺的情况。例如对于柱色谱设备，柱床的高度、线性流速、流速与柱体积的比率（比如接触时间）、使用的缓冲液和凝胶类型、pH、温度、蛋白浓度、无机盐类型及产品均应能够代表实际生产工艺的规模和条件，并获得类似的洗脱图谱。如果产生了意外的偏差，应对实验结果可能产生的影响给予合理的解释。应考虑新色谱柱与反复使用的旧柱（填充料接近使用期限）对于去除病毒效果的差别，并预留适宜的缓冲储备。通常是将已知量的指示用活病毒，加入到模拟的原液或者不同生产工艺阶段的中间产品中，然后定量测定经特定工艺步骤或者技术方法处理后病毒滴度下降的幅度，由此评价工艺的灭活/去除病毒效果。如果采用了非感染性病毒检测方法，则应提供充分的论证依据和理由。

要获得对每个有效步骤的准确评价，必须保证每个步骤在起始时加入了足够多的病毒负载量。一般应将病毒加入到每个待验证步骤的中间品内，有些情况下则将高滴度的病毒直接加入到未处理的原液中，然后检测两个步骤之间病毒滴度的下降情况。对于采用分离法去除病毒的效果进行评价时，应当了解病毒在不同分离层中的负载量分布状况；如果在工艺的多个步骤中都采用了具有杀病毒作用的同样缓冲液，则可同时使用没有较强杀病毒作用的缓冲液进行平行对照试验，检测每个工艺步骤处理前后病毒的滴度，一般只对病毒灭活／去除的有效工艺步骤进行验证，不必对每个工艺步骤都进行验证。

应采用适宜的病毒检测方法，结果应进行统计分析处理。所有的感染性检测试验，均应设立适宜的对照试验，确保试验方法的敏感性，当样本中的病毒量较低时还应考虑统计学分析的误差。

病毒灭活／去除验证选用的病毒应具有代表性，指示病毒的选择主要从以下几方面考虑。

A. 用于验证研究的典型病毒至少应包括单链和双链的 RNA 及 DNA、脂包膜和非脂包膜、强和弱抵抗力、大和小颗粒等病毒；灭活／去除技术方面可根据采用的具体方法选择恰当的适宜病毒，例如 S/D 法可选用脂包膜病毒，膜过滤法可选用粒径小的病毒，加热法可选用脂包膜和非脂包膜病毒，低 pH 孵育法可选用对理化因素比较耐受的指示病毒等。

B. 应尽可能选择可培养至高滴度的病毒，对每一种指示病毒，都应提供可靠的检测方法。

C. 应注意选择的指示病毒可能对验证操作人员的健康所造成的危害，并采取必要的防护措施，遵守国家有关的管理规定，属于烈性传染病毒的不能使用。

验证研究应当在单独的实验室进行，实验室应当配备适于开展病毒研究工作的试验条件和设备，操作人员应当具有必要的病毒学试验专长和技能，在实验病毒学专家的指导下设计和准备模拟的生产工艺。

病毒灭活 / 去除有效工艺步骤评价应考虑病毒载量下降的程度和动态过程。一般将病毒感染性滴度减少 ≥ 4 lg 的处理步骤认可为有效的病毒灭活 / 去除工艺步骤。病毒感染量的降低可以从病毒颗粒去除或者被灭活的情况两方面来评价。对于有效的具体工艺步骤，应注意区别灭活作用与去除作用。当在多个色谱步骤中均使用了相同的缓冲液时，由于该缓冲液在洗脱过程中很可能对病毒发挥了直接的灭活作用，显然不能将这一作用归结于每个色谱步骤起到了各自的去除作用。病毒的灭活 / 去除过程不是简单的一级动力学反应过程，病毒感染活性一般先经过快速下降期，然后转入缓慢下降期的双时相特征。如果病毒逃逸了第一个灭活步骤，则在随后的步骤中可能会增加抵抗力。如果病毒逃逸的原因是由于形成了聚集颗粒，则在后续步骤中，很可能对许多理化处理因素或者加热过程不再敏感。病毒的灭活具有时间依赖性，因此加入指示病毒的中间产品，应在特定的缓冲液或色谱柱中保留足够的时间，以充分模拟将来的实际工艺过程及条件。在灭活 / 去除研究中应设立合理的取样时间，通过在不同的适宜时间多次取样，绘制出病毒灭活 / 去除过程的动态变化图。选择的取样点应包括能够完全灭活 / 去除病毒的最小处理时间点以及在最小处理时间点以外的其他代表性时间点。

病毒灭活 / 去除有效工艺步骤评价应充分重视和考虑干扰病毒灭活 / 去除效果的实际影响因素，增加安全性评价的客观性和准确性。

A. 经组织培养方法制备的指示病毒，其性质、特点及行为可能发生了适应性改变，与工艺过程中实际遇到的自然状态下的病毒有所不同，例如培养的病毒与自然增殖的病毒在均一性和积聚特性方面不完全相同。在制备高滴度的感染性病毒时，应避免病毒颗粒的聚集，以防止高估物理灭活 / 去除方法对降低病毒感染量的实际作用；应尽可能将指示病毒以较小的体积加入待测产品中，以免加入病毒引起稀释效应或者改变产品的性质；由稀释样本获得的检测结果，可能与将来实际生产中产品的结果并非完全相同。应注意任何微小的改变例如缓冲液、培养基或试剂等可能对灭活 / 去除效果产生的影响。

B. 一个有效的工艺步骤实际上应当在两个独立的验证研究中都能够重复出相同的病毒灭活 / 去除量。生产工艺对病毒的总灭活 / 去除效果应为各步骤灭活 / 去除效果之和。在适宜的控制条件下，经恰当设计的工艺过程，如柱色谱、膜过滤及纯化步骤等，均有可能成为有效的病毒清除步骤。如果清除效果仅够一个对数级甚至低于一个对数级，通常可忽略其效果，不记入工艺总的清除指数内。如果各工艺步骤几乎没有降低感染量的作用，则必须引进有效的去除和（或）灭活步骤。病毒灭活 / 去除的效果应超过病毒潜在的污染负荷。在分析试验结果时，对于重复使用同样或类似的缓冲液及色谱柱，一般不应累加其指数，除非能提供充足的依据和理由，如果将多步骤的灭活 / 去除指数相加（特别是将灭活效果不明显的步骤相加）或者将工艺过程中重复采用的同样或者类似灭活机制形成的灭活效果累加，可能会高估工艺实际能达到的效能。应注意有效步骤对病毒的灭活／去除效果可能与实际生产工艺中使用的效果有一定偏差。

C. 如果生产条件或者缓冲液的细胞毒性或者杀病毒作用过强，则验证研究有可能从整体上低估工艺对病毒的灭活作用，当然也可能由于病毒灭活／去除验证研究本身的局限性和试验设计不充分等方面的原因，而高估了灭活／去除效果。应分别评价缓冲液和制品在病毒滴度检测方法中的毒性和干扰作用。如果样本溶液对细胞有毒性，应对含有负载病毒的缓冲液进行适宜的稀释、调整 pH 或者透析，如果样本本身含有抗病毒的活性成分，则应采用不含该活性成分的模拟溶液进行验证研究。但应考虑不含有抗病毒成分的溶液（比如以其他类似成分代替的溶液）可能会改变某些工艺步骤中病毒的行为。应设立充分的平行对照试验，说明试验本身及样本制备过程，提供相关的试验资料，以排除由于样本的透析、稀释、浓缩、过滤及贮藏可能对灭活／去除验证效果的影响。可使用感染性滴度测定方法或者透射电镜的方法确定样本中的病毒量，并考虑检测方法的定量分析灵敏度、最低检测限。如果检测方法的最低检测限为 $10^3 TCID_{50}$，即使病毒启始滴度为 $10^6 TCID_{50}$，经处理后未检出病毒，也不宜算作特定的有效工艺步骤，因为经处理后病毒的残留量有可能大于 $10^2 TCID_{50}$，因此只能根据检测方法的灵敏度表示为未检出。

D. 模拟工艺过程的研究结果与实际生产工艺总会有所区别。

即使充分考虑各种影响因素，也只是模拟实际中可能发生的结果，两者之间难以进行完全替代。为达到有效的灭活 / 去除效果，通常须联合使用灭活与去除步骤，甚至多个从机制上能够互补的去除和（或）灭活步骤。

病毒灭活 / 去除工艺验证中既要关注对指示病毒的灭活 / 去除效率，也要关注产品质量的变化。

ICH Q5A（R1）《来源于人或动物细胞系的生物技术产品的病毒安全性评价》阐述了病毒清除研究的目的，其目的是评价那些被认为可有效灭活 / 去除病毒的工艺步骤，并定量评估病毒的整体下降水平，证实内源性和外源性病毒能够被清除。具体做法是有目的地将一定量的病毒加入到原料和（或）各工艺步骤的抽样样本中去，通过研究在后续工艺步骤样本中的病毒量来确定该工艺步骤对病毒灭活 / 去除的效果。如果较少几步工艺步骤就能证明其对病毒的清除是充分的，则不必对生产的每一步都作评估和鉴定。应注意的是，生产的其他工艺步骤可能会对已取得的病毒灭活 / 去除结果产生间接影响。企业应对病毒去除评价研究方法的合理性和有效性作出解释和证明。

病毒清除下降因子一般用 lg 表示，其含义是虽然病毒的残留感染性永远也不可能降至 0，但可以对数级大幅度下降。除了对已知存在的病毒进行清除研究外，还应对其他病毒的去除和（或）灭活能力进行研究。对于那些目前还不清楚或可能会存在的生化和生物物理特性十分广泛的病毒，研究的目的并不是要达到某一特定的灭活 / 去除目标，而是要确定生产工艺对病毒灭活 / 去除的可靠性。应对生产工艺步骤中的病毒灭活 / 去除能力加以证实。

这种研究并不是要对某一特定安全性风险作出评价，因此，无须求出特定的清除值。

企业应根据评价和鉴定病毒清除率的目的及指南提及的准则对病毒的选择作出合理解释。为了测试生产工艺清除病毒的总体能力，供清除评价和工艺鉴定研究用的病毒应与可能污染产品的病毒相似，而且要有广泛的理化特性。病毒清除研究中使用的病毒可分为三类："相关"病毒、特异"模型"病毒和非特异"模型"病毒。

用于生产过程中评价病毒清除情况的"相关"病毒，可以是已被鉴定的病毒，或是与已知病毒种类相同的病毒，或是可能会污染细胞培养物或污染生产过程中使用的其他试剂或材料的病毒。应确定纯化和（或）灭活工艺能去除和（或）灭活此种病毒的能力。如果得不到"相关"病毒，或它不太适用于病毒清除的工艺评价研究（如不能离体培养到足够的滴度），应使用特异"模型"病毒代替。适用的特异"模型"病毒是与已知病毒或可疑病毒密切相关（同种或同属），并与所观察到的或可疑的病毒具有类似理化特性的病毒。

啮齿动物细胞系一般都含内源性逆转录病毒颗粒或逆转录病毒样颗粒，可能具有感染性（C 型颗粒），也可能没有感染性（细胞浆 A 型和 R 型颗粒）。应确定所用生产工艺具有去除和（或）灭活啮齿类动物逆转录病毒的能力，此项工作可使用鼠白血病病毒作为鼠源细胞的特异"模型"病毒。由于已有 EB 病毒（EBV）永生化的 B 淋巴细胞用于生产单克隆抗体，因此此时应确定生产工艺能否去除和（或）灭活疱疹病毒。伪狂犬病毒也可用作特异

"模型"病毒。

当研究目的是确定生产工艺去除和（或）灭活病毒的总体能力时，如需要确证病毒清除工艺的稳健性时，应使用具有不同特性的非特异"模型"病毒进行病毒清除特性研究。从"相关"病毒和（或）特异"模型"病毒研究中所获取的研究数据也有助于这种评估。一般不需要对所有病毒进行测试，应对那些对理化方法处理具有耐受性的病毒加以关注，因为从这些病毒所获取的结果可为评价生产工艺去除和（或）灭活病毒的总体能力提供有用的信息。选用病毒的种类和数量与细胞系质量和特性及生产工艺有关。

在病毒清除研究中最理想的是培养出高滴度的病毒；每个生产工艺步骤中病毒均应检测，应该有一种有效和可靠的检测方法，用来检测每种被使用的病毒；有些病毒可能会对从事清除研究的人员造成健康损害，对此应加以重视。

根据 GMP 规定，不能将任何病毒引入生产设施。因此病毒清除研究应在隔离的实验室进行，该实验室应专用于病毒学研究，纯化工艺的缩小模型应由病毒学专家会同生产人员一起设计、制备。

应对缩小的生产规模的有效性加以证实。缩小的生产规模应尽量接近实际生产水平。色谱设备、柱床高度、线性流速、流速/柱床体积比（即过柱时间）、缓冲液、凝胶型号、pH、温度、蛋白浓度、盐及产品都应代表生产规模水平，应有一个类似的洗脱方案，对于其他生产工艺步骤，亦应有类似考虑。有些偏差是不可避免的，但应重视其对结果的影响。

在进行病毒清除研究时，需要综合评估工艺过程中多个生产工艺步骤清除病毒的总体能力，还要对每个可能参与病毒清除的生产工艺步骤的去除和（或）灭活病毒的能力分别进行评估，并认真考虑各个工艺步骤的确切作用。每一工艺步骤的测试样本中应含足够量的病毒，以便对每一工艺步骤阶段的有效性作出适当的评价。一般来说，应将病毒加入到每一步生产工艺的待测样本中。一般情况下，只要将高滴度病毒加到未经纯化的产品中去，并测定随后各步骤的病毒浓度就可以。当病毒清除是由纯化分离步骤完成时，尽可能对纯化分离步骤中不同分离部分的病毒量的分布进行调查。当在生产过程中有多个生产工艺步骤使用灭活病毒缓冲液时，也可用替代的方法，如用较弱的灭活病毒缓冲液进行平行试验，作为对生产工艺总体评价的研究组成部分。另外应对每一被测工艺步骤之前和之后的病毒滴度进行测定。感染性定量测定方法应有足够的敏感性和重现性，还要有足够的重复实验以确保结果具有充分的统计学可信度。如有正当理由，也可使用与感染性无关的定量分析。在进行感染性测定时，要有相应的病毒对照组以确保方法的敏感性。如抽样病毒的浓度较低，其统计结果也应该考虑。

降低病毒感染性，可通过去除病毒或灭活病毒的方法实现。对评定的每一道生产工艺步骤，都应说明其使病毒感染性丧失的机制是灭活还是去除。如生产工艺只清除了很少一部分病毒感染性，由于病毒的清除是保证产品安全性的重要因素，则必须进行专门或附加的灭活／去除步骤。对某一特定步骤，区别其是去除还是灭活作用是必要的，例如在多步清除病毒的工艺步骤中均使用的某种缓冲液可能具有灭活病毒的作用，则此时应分别评价色谱工艺步骤的病毒去除能力和色谱工艺所用缓冲液灭活病毒的能力。

为了对病毒灭活作出评估，应在未加工的粗品或中间品中加入感染性病毒，并计算下降因子。要知道病毒灭活不是一个简单的一级反应，通常比较复杂，包含有快的"一期"反应和慢的"二期"反应。因此，要在不同的时间点取样研究并建立灭活曲线。建议灭活研究除最低作用时间外至少还应设一个大于零和小于最低作用时间的时间点。如果该病毒是一种已知人致病性"相关"病毒，研究工作必须取得更多的数据，并设计出一种有效的灭活工艺。但是，如使用非特异"模型"病毒进行灭活研究，或使用特异"模型"病毒作为病毒颗粒的替代物，如 CHO 细胞浆内逆转录病毒样颗粒，必须至少分别作 2 次独立的研究来证实清除工艺的可重复性。如可能，应从加入病毒的起始材料中能检测出的病毒量确定病毒的起始量。如果不可行，可根据加入病毒的滴度计算起始病毒量。如果由于灭活太快，来不及根据工艺条件建立病毒灭活曲线，应进行相应的对照试验以证实病毒经灭活处理已失去感染性。

纯化系统中的色谱分离柱和其他设备经一段时间反复使用后，其清除病毒的能力会发生变化，因此在使用若干次后，必须估测其清除病毒能力的稳定性后才能再用。在设备再次使用前，必须保证生产设备可能残留的任何病毒都被充分灭活或去除。例如，可通过提供证据证实色谱柱经过清洗和再生过程确实将病毒灭活或去除了。病毒清除研究应特别注意如下方面。

A. 制备高滴度病毒时应注意避免凝集反应。凝集的病毒更容易被物理方式去除，但同时更难被灭活，因此与生产实际不相符。

B. 须注意有效分析方法的最低检出病毒量。

C. 应进行平行对照分析研究，以评估样品是否在检测病毒滴度前因稀释、浓缩、过滤或贮存等原因使病毒失去感染性。

D. 加入产品中的病毒量体积要小，从而不会使产品稀释或改变产品的性质。因为经稀释后，试验蛋白样品已不再与生产规模的产品相同。

E. 诸如缓冲液、培养基或试剂等的微小不同都会影响病毒的清除效果。

F. 病毒灭活是时间依赖性的。因此，加入病毒的产品在某一缓冲剂中或特定色谱分离柱中停留的时间长短应能反映生产规模的工艺条件。

G. 应分别对缓冲液和产品评估其毒性或对病毒滴度检测方法的干扰，因为这些因素会对指示细胞产生不良影响。如果溶液对指示细胞有毒性，可能需要进行稀释、调整pH 值或者将含有加入病毒的缓冲液进行透析。如果产品本身具有抗病毒活性，进行病毒清除研究时，应采用无产品的空白对照试验，即使不加入产品或用无抗病毒活性的相似蛋白替代品进行研究会影响某些生产工序的病毒行为。应包括充分的控制，以论证仅用于准备样品的试验步骤（如透析、结晶）对灭活 / 去除病毒的影响。

H. 许多纯化方案中都反复使用相同或相似的缓冲液或分离

色谱柱。分析数据时，应考虑这种方法带来的影响。某一特定工艺的清除病毒效果会随所在的生产阶段而有所不同。

I. 当生产条件或缓冲液具有很强细胞毒性或灭活病毒作用时，可能会低估总体下降因子，因此需逐例讨论。由于病毒清除研究本身的局限性或因设计不够完善，也会高估总体下降因子。

评估病毒灭活 / 去除的目的是对各工艺步骤作出评价和鉴定，了解其对灭活 / 去除病毒是否有效，并对生产过程中病毒下降的总体水平进行定量分析。就 B~E 所述的病毒污染而言，不仅要证明病毒已被去除或灭活，而且还要证明纯化工艺具有足够能力将病毒清除，从而确保终产品具有相当的安全性。生产过程中所消除或灭活的病毒量应与收获液中可能存在的病毒量相比较。

为了进行这种比较，必须对收获液中的病毒总量作出估计。方法可采用检测感染性或其他诸如电透镜（TEM）检查的方法。整个纯化工艺清除病毒的能力应比收获液的同等单剂量中的估计量更多。

企业应认识到不同种类的病毒，其清除机制有可能不同。当判断病毒灭活 / 去除过程的效果时，应综合考虑以下各种因素。

A. 所用测试病毒是否合适；

B. 清除研究的设计；

C. 所获得的 lg 下降值；

D. 灭活的时效问题；

E. 工艺参数变化对病毒灭活 / 去除的潜在影响；

F. 测定方法灵敏度范围；

G. 灭活／去除方法对某些种类病毒可能具有的选择性。

以下任何一种方法都能实现有效清除：多步灭活法，多步互补分离法，或灭活与分离结合法。由于分离法对病毒的物理化学特性具有很强的依赖性，它会影响病毒与凝胶基质的相互作用和病毒的沉淀特性，因此"模型"病毒可用与靶病毒不同的方法进行分离。应充分确定影响分离的生产参数并加以控制。表面特性的变化，如糖基化，也是差异的来源。但是尽管存在这些潜在的可变因素，仍可采用将几种互补分离过程结合的步骤，或将灭活与分离相结合的步骤达到有效清除病毒目的。因此，像色谱分离、过滤步骤和提取，只要控制条件并完善设计，都是有效清除病毒的步骤。应至少由 2 次独立的研究重复实验才能证明该清除病毒的步骤是有效的。

总体下降因子一般以各因子之和来表示。除另有合理解释，病毒滴度下降在 1 lg 或以下可忽略不计。

如所用生产工艺清除病毒感染性的能力较低，而病毒清除对于产品安全又是一个重要因素，则应另外增加一次或多次有针对性的灭活／去除步骤。生产商应对所有病毒下降因子的合理性作出说明，并将根据以上所列因子对结果作出评价。

病毒清除研究有助于保证最终产品达到可接受的安全水平，但其本身并不能完全安全可靠。这是由于病毒清除研究设计和执行过程中的许多因素会使对生产工艺清除病毒感染的能力作出不正确的估计，其中包括如下因素。

A. 用于某一生产工艺病毒清除研究的病毒制品可能是在组

织培养中生产的。组织培养的病毒在某一生产工艺步骤中表现的特性可能与天然病毒的特性有所不同。例如，天然病毒与培养病毒的纯度和凝集度是不同的。

B. 病毒感染性的灭活常是一条双相曲线：先有一个快速起始阶段，接着是一个较慢的阶段。这就可能使最初灭活阶段逃逸的病毒对以后各阶段具有更强的耐受性。如具有耐受性的那一部分病毒以病毒凝集物的形式出现，则其感染性可能对许多不同的化学处理及热处理都产生耐受性。

C. 生产工艺对病毒感染性的总体清除能力是以每一工艺步骤病毒下降 lg 值之和表示的。将各步骤的下降因子相加，尤其是将下降较少（如低于 1 lg）阶段的因子相加，可能会对清除病毒的实际能力估计过高。此外，除非有合理的理由，否则亦不能将重复相同或几乎相同的方法所获得的下降值包含在其中。

D. 下降因子用 lg 滴度来表示，说明尽管残留的病毒感染性可能已大大降低，但是决不会降至 0。例如，当每 1ml 含 8 lg 感染单位的试样 lg 滴度下降至每 1ml 0 lg 或是每 1ml 一个感染单位，下降因子为 8 lg，但此时应考虑测定方法的检测范围是否符合要求。

E. 尽管缩小生产规模设计时十分谨慎，但试生产工艺总是与商业化生产工艺有所不同。

F. 生产工艺中具有相似灭活机制步骤的病毒下降因子的相加会对工艺整体清除病毒能力产生过高估计。

病毒清除研究结果评估时应引入统计学分析。研究结果应具有统计学意义才能支持所得出的结论。

当生产或纯化工艺发生重大变化时，要考虑这种变化对病毒清除直接和间接的影响，必要时应对该工艺进行再评价。例如生产工艺的变化会使细胞系产生的病毒数量发生明显变化；生产步骤的变化也可能会改变病毒清除的程度。

病毒清除研究应考虑到各种情况，其中必须用非特异"模型"病毒对病毒清除情况进行鉴定。A、B 两种情况是最常见的。被病毒污染的生产系统通常不能用于生产，啮齿类动物逆转录病毒污染除外。如果要将 C、D、E 三种情况的细胞系用于药物生产，要有充分说服力和正当理由，并须与管理机构协商。当使用 C、D、E 情况中细胞系时，须有已经过验证的有效步骤，确保可疑病毒从生产流程中灭活 / 去除。

情况 A：细胞或未加工品中未发现有病毒、病毒样颗粒或逆转录病毒样颗粒时，应使用上述非特异"模型"病毒进行病毒去除和病毒灭活研究。

情况 B：啮齿类动物逆转录病毒（或非致病性逆转录病毒样颗粒，如啮齿 A 型和 R 型颗粒）应使用特异"模型"病毒（如鼠白血病病毒），对工艺进行论证。对于纯化后产品，应使用高特异性和高敏感性的方法对所疑病毒进行测定。上市审批时，应提供至少三批试生产规模或生产规模的纯化后产品的检定数据。常用于药物生产的 CHO、C127、BHK 等细胞系和鼠杂交瘤细胞系，尚未有关于产品病毒污染安全问题的报道。对于这些细胞系，由于其内源性颗粒的性质已经全面鉴定，病毒清除问题也已证实，一般无须再检测纯化后产品的非感染性颗粒。使用如情况 A 中所述的非特异模型病毒即可。

情况 C：已知细胞或未加工品中含有除啮齿类动物逆转录病毒以外的病毒，而这些病毒又无证据证明其对人有感染性，除啮齿类动物逆转录病毒（情况 B）以外的病毒，则病毒去除和灭活的评价研究应使用已鉴定的病毒。如果不能使用已鉴定的病毒，应使用"相关"病毒或特异"模型"病毒来评估其工艺清除效果是否可被接受。在灭活的关键步骤，应对已鉴定的病毒（或"相关"病毒或特异"模型"病毒）进行时效性灭活，作为对这些病毒工艺评价的一部分。对于纯化后产品，应用高特异性、高敏感性的方法对所疑病毒进行检测。申请上市时，应提供至少三批试生产规模或生产规模纯化后产品的检定数据。

情况 D：当检测出已知的人致病原时，除特殊情况外，该产品是不能被接受的。在这种情况下，建议用已鉴定的病毒用作病毒去除和灭活评价研究，并使用高特异性、高敏感性的特殊方法对所疑病毒进行检测。如无法使用该病毒，应使用"相关"和（或）特异"模型"病毒。应证明在工艺纯化和病毒清除过程中，确已达到去除和灭活所设病毒的目的。应建立病毒灭活效果与灭活时间的关系，并将其作为关键工艺评价的一部分。应使用高特异性、高敏感性的方法对纯化后产品中的所疑病毒进行检测。申请上市时，应提供至少三批试生产规模或生产规模的纯化后产品的检定数据。

情况 E：在细胞或未加工品中检测到用现有方法无法分类的病毒时，由于这种病毒有可能是致病性的，因此该产品一般不予接受。在极个别的情况下，并有充分说服力和正当理由说明该细胞能用于药物生产时，在进入下一步之前，须与管理机构协商。

病毒清除研究计划可根据 ICH Q5A 结合实际情况制定，参见表 2-14。

表 2-14　病毒清除研究计划

| | 情况 A | 情况 B | 情况 C[2] | 情况 D[2] | 情况 E[2] |
|---|---|---|---|---|---|
| **状态** | | | | | |
| 有病毒[1] | − | − | + | + | (＋)[3] |
| 病毒样颗粒 | − | − | − | − | (＋)[3] |
| 逆转录病毒样颗粒[1] | − | + | − | − | (＋)[3] |
| 已鉴定病毒 | 不适用 | + | + | + | − |
| 对人致病病毒 | 不适用 | −[4] | −[4] | + | 未知 |
| **行动** | | | | | |
| 用非特异"模型"病毒对病毒清除进行工艺鉴定 | 是[5] | 是[5] | 是[5] | 是[5] | 是[7] |
| 用"相关"或特异"模型"病毒对清除病毒工艺进行评价 | 不 | 是[6] | 是[6] | 是[6] | 是[7] |
| 测试纯品中的病毒 | 不适用 | 是[8] | 是[8] | 是[8] | 是[8] |

1. 细胞基质和（或）未加工收获液的病毒检测结果。原则上，受到病毒污染的细胞培养液不允许用于生产。若存在内源性病毒（如逆转录病毒）或作为 MCB 组成部分的病毒，在进行充分的病毒清除能力评估后是可能被接受的。

2. 当起始原材料受到病毒污染时，无论其是否属于已知能够在人体中传染和（或）致病的病毒，将只能在极个别情况下才能被允许使用。

3. 已通过直接或间接方法观察到过的病毒。

4. 确认对人体不具有致病性。

5. 应使用非特异"模型"病毒完成典型条件下的病毒清除。

6. 应使用"相关"病毒或特异"模型"病毒完成工艺步骤评估。

7. 见正文中情况 E。

8. 应对可能存在的病毒使用具有高特异性和高敏感性的方法进行检测，并确证纯化后产品中无可检测的病毒。当进行上市申请时，应至少提供三批次中试生产或商业化生产规模的原液纯化制造数据。对于像 CHO 这类内源性颗粒已充分鉴定且已经证明能够被有效清除的细胞系，通常不需要再对纯化后产品进行非感染性颗粒的检测。

病毒灭活 / 去除验证方面，工程细胞类在指示病毒选择原则上，国内外的法规均保持了一致。即一个典型的验证研究所选择的病毒，至少应包括脂包膜和非脂包膜、强和弱抵抗力、大和小颗粒等病毒；灭活 / 去除技术方面可根据采用的具体方法选择恰当的适宜病毒（表 2-15）。

表 2-15　血液制品病毒验证试验中指示病毒的选择

| 病毒类型 | 选择依据 | 指示病毒举例 | |
|---|---|---|---|
| | EMA | EMA | NMPA |
| **脂包膜病毒：** | | | |
| HIV | · HIV-1 和 HIV-2 两者的灭活程序以及敏感度类似，不需要分别做灭活研究<br>· 对于已经建立的病毒清除步骤，如 S/D 处理、热处理及乙醇分离，则不需要用 HIV-1 作为指示病毒，对于新的灭活方法，如果不能由其他脂包膜病毒证明清除工艺的稳定性，则需要考虑 HIV-1 作为指示病毒 | HIV-1 | HIV |
| HCV | · 目前没有培养方法<br>· 现有数据不足以识别最佳模型病毒牛腹泻病毒（BVDV）在某些分离步骤更不容易去除，比其他模型病毒虫媒病毒 / 脑膜病毒更耐低 pH，因此 BVDV 可认识为是"最差条件"的模型病毒 | BVDV、WNV、Sindbis | BVDV、Sindbis |
| 脂包膜 DNA 病毒 | · 疱疹病毒：目前为止，尚没有在非细胞血液成分中发现疱疹病毒传播的记录。有些疱疹病毒可能导致病毒血症，因此还是应选择合适的脂包膜病毒进行验证研究 | PRV | N/A |
| | · HBV：目前尚无合适的分析方法用于乙型肝炎病毒的验证。可考虑用鸭乙型肝炎病毒（DHBV）替代人 HBV 的模型病毒，但需要用鸭子或鸭子原代细胞做病毒滴度测定。通常情况下，不要求把 DHBV 作为指示病毒 | DHBV | DHBV、PRV |

| 病毒类型 | 选择依据 | 指示病毒举例 | |
| --- | --- | --- | --- |
| | EMA | EMA | NMPA |

**非脂包膜病毒：** 在进行非包膜病毒研究时，需建立对灭活/去除步骤敏感的病毒类型，并识别工艺的局限性。例如：某凝血因子产品中的热处理步骤能有效清除 HAV，但对其他非包膜病毒可能无效

| HAV | ·HAV 通常与凝血因子产品相关，一般认为 HAV 与其他小 RNA 病毒完全不同。因此进行凝血因子类产品的病毒清除研究时，应将 HAV 作为指示病毒的一种，并应考虑可能抗体存在的干扰作用 | HAV | HAV、Poliovirus、EMCV |
| B19V | ·凝血类因子产品进行验证时也应包括 B19V 的合适的模型病毒 | CDV、BDV、MVM | CDV、PPV |

**免疫球蛋白类产品：** 一般不需要进行 HAV 和 B19V 的研究。通常，来源于无抗体制品的模型病毒验证数据无法真实反映含有抗体的中间产品对病毒的实际清除能力。进行相应研究以了解这一类产品清除 HAV 和 B19V 的能力可能是有意义，但不作为强制性要求。对于无抗体的产品，应使用非脂包膜病毒进行验证研究，以评估工艺灭活/去除未知非脂包膜病毒的能力

**除病毒过滤（纳滤）的模型病毒：** 不管使用何种纳滤系统，都应该了解去除的病毒大小范围

| 细小病毒截留滤器 | ·通常应包括 HIV 和 BVDV 验证，但工艺稳定性研究关注非脂包膜病毒 | HIV、BVDV | N/A |
| 非细小病毒截留滤器 | ·设计用于去除中等大小的病毒，可以将 HIV 和脂包膜病毒如 BVDV 作为验证病毒，工艺稳定性研究偏重于 BVDV | BVDV、HIV | N/A |

## 2.1.8 注册申报

病毒清除研究在药品生命周期的不同阶段（如临床试验申请、临床期间、上市申请以及上市后），需要包括的内容一直是

业内比较关注的问题。表 2-16 中列出了国内外在不同阶段对于病毒清除验证的指示病毒以及相关技术要求。国内法规并未就病毒清除研究所需的批次数量作出明确规定，但通常进行三个批次的病毒清除研究以验证病毒清除方法以及工艺的可靠性。中国加入 ICH 之后，可参照国际通行标准，研究两个批次样本或进行单批次重复实验。

表 2-16　国内外法规关于不同阶段病毒清除验证的区别

| 工艺步骤 | NMPA | EMA/TGA/USFDA 临床 I 期申报 | EMA/TGA/USFDA 临床 III 期申报 |
|---|---|---|---|
| 低 pH 或 S/D | 2 种病毒（MuLV，PRV）三个连续批次的病毒灭活动力学曲线 | 1 种病毒（MuLV）一批次，重复两次试验 | 2 种病毒（MuLV，PRV），重复两次试验 |
| 除病毒过滤 | 2 种病毒（REO-3，MVM）MVM 作为指示病毒时，需对中间品取样 | 2 种病毒（MVM，MuLV）一批次，重复两次试验 以 MVM 作为指示病毒时，需对中间品取样 | 4 种病毒（MuLV，PRV，REO-3，MVM）重复两次试验 以 MVM 作为指示病毒时，需对中间品取样 |
| 色谱步骤 | 色谱法为常用的病毒清除工艺（《中国药典》2020 年版） | 考察一步色谱（通常选择去除能力强的 AEX）2 种病毒（MVM，MuLV），重复两次实验 | 4 种病毒（MuLV，PRV，REO-3，MVM）需评估使用次数（清除病毒的能力，重复使用前无残留病毒） |

EMA 在 2008 年发布的《生物制品新药开发病毒安全性评估指南》在 ICH Q5A 的要求和基础上，细化了临床试验用药品的病毒安全性的考量。该指南指出考虑前期工艺研究的开发特性，在进行病毒安全性评估时，试验的程度以及数据的要求与上市申请

相比，可适当简化，一是体现在对生产细胞／未处理原液的检测，二是病毒减低效果验证。这样的简化项目仅适用于 ICH Q5A 中的"情况 A"和"情况 B"。验证方法上，临床试验产品可以使用模块化的验证，可以借鉴其他产品的经验简化研究过程。临床试验产品不需要验证色谱凝胶的生命周期以及色谱过程中病毒在不同组分中的分布。对于啮齿类的细小病毒，临床试验产品生产工艺若有一个步骤能有效清除多种病毒，包括细小病毒，可以只验证一个步骤，但对于上市产品生产工艺一定要有 2 个验证步骤。美国 FDA 在 1997 年最早提出临床试验产品的模块化验证要求，不同的单克隆抗体若使用相同的纯化工艺步骤（即模块），则对一个抗体的某一模块所做的病毒清除验证得出的病毒清除对数减少值（LRV）可外推到其他的抗体。美国 FDA 指导原则指出：模块清除研究是证明纯化工艺中单个步骤（柱色谱、过滤、巴氏灭菌、溶剂／洗涤剂、低 pH 等）的病毒灭活／去除。纯化方案中各模块可独立进行研究。新单克隆抗体不同模块的病毒清除值可来自不同的验证过的单克隆抗体。如果新单克隆抗体的纯化工艺的某一模块与验证过单克隆抗体的病毒灭活／去除模块不同，则这个模块必须单独进行研究（即产品特异性研究）。其他验证过的相同模块可外推至新单克隆抗体。美国的 Genentech 公司对单克隆抗体的三个典型的病毒清除工艺，包括低 pH，阴离子交换色谱以及细小病毒过滤的影响参数及工艺稳定性进行了分析，数据结果显示，上述病毒灭活／去除步骤采用模块化研究可行。

《中国药典》2020 年版《生物制品病毒安全性控制》规定，要评估影响验证的干扰因素，其中包括缓冲液和自身产品对指示病毒毒性作用或对病毒滴度检测方法的干扰作用。如果选择模块化技术，仍然需要开展产品特异性研究，以减少对病毒清除工艺效果的影响。

不同的病毒灭活/去除工艺，指示病毒选择和验证批次上国内外也存在一定的差异。

### 2.1.9　上市后要求

美国 FDA 和 EMA 均要求血液和血浆制品的生产企业对最终产品使用者的不良事件或反应的监测和调查，建立药物警戒体系，包括血液警戒和药物警戒。EMA 还要求在《血液制品核心说明书和产品包装说明书关于传染性因子的警示语》（CHMP/BWP/360642/2010）中，对于产品的核心说明书和包装说明书上，规定了警示语的书写要求。近年来，针对一些新出现的病原体风险，EMA 人用药品委员会（CHMP）陆续发布了相关声明或报告，如 CHMP/BWP/303352/2010，第二修订版：克雅氏病、血浆来源和尿来源药品［Creutzfeldt–Jakob disease and plasma–derived and urine–derived medicinal products（CHMP/BWP/303353/2010，revision 2）］；CHMP/BWP/723009/2014：血浆来源药品有关戊肝病毒安全反应文件［Reflection paper on viral safety of plasma–derived medicinal products with respect to Hepatitis E virus（CHMP/BWP/723009/2014）］等，及时对相关的安全性风险做了评估和建议措施。

EMA 指南还就血液制品病毒传播风险评估提出要求，生产企业需要评估病毒传播的风险。该风险评估的一般原则是考虑不同的因素，如流行病学、病毒感染滴度、病毒标记物检测、病毒灭活／去除步骤以及产量等影响每剂量产品中感染性病毒颗粒的水平的影响因素。风险评估的可信度取决于对于上述因素的信息了解程度。上述因素的变化程度很大，因此实际评估时应确定实际的最差情况，以最大程度确保病毒安全性评价结果的可靠性。风险评估中应包括可能污染制品的病毒浓度、病毒灭活／去除的能力、特异性抗体在病毒安全性方面的贡献、成品中的病毒颗粒风险评估等内容。

递交上市申请的血液制品（除白蛋白类制品外）均需要对 HIV、HBV、HCV、B19V 以及 HAV 进行风险评估。在产品特性概述和产品说明书中申明病毒安全性和潜在的其他风险（参照 CPMP/BPWG/BWP/561/03）。

对于已上市产品，如果可能存在 HAV 和 B19 潜在污染的风险，则需要有相应的风险评估，确保现有措施的有效性。如果不存在此类污染风险，则不需要进行。但无论何种情况，均需要对 HIV、HBV 和 HCV 进行风险评估。

对于符合《欧洲药典》的白蛋白类产品，如果使用 Cohn 或 Kistler/Nitschmann 方法分离工艺生产的，无论是待上市还是已上市的产品，都不需要进行风险评估。对于其他方法生产的白蛋白产品则需要进行相应的风险评估。

如果筛查中发现献血者被 HIV、HAV、HBV、HCV 感染，则应上报相应的药品监管部门。在血液收集后不管何种阶段表明受污染的血液已经进入了血浆混合池，都应该针对来源该批次产品进行风险评估。

## 2.2 文件综述

目前，国内外的相关法规从不同方面对生物制品病毒安全风险控制作出了技术性规范。国际上相关专业技术协会如美国注射剂协会（PDA）和世界卫生组织（WHO）也分别从行业规范角度针对生物制品病毒污染发布行业性指南性文件，既是对相关法规的一个深入知识补充，也是对相关内容的细化和可操作性方面的指导。

### 2.2.1 主要技术指南

生物制品的病毒安全问题关系到公众使用安全，也影响到整个产业的健康发展。历史上，生物制品污染病毒事件时有发生，直接危害患者的健康安全，甚至由此导致整个行业在社会中的负面影响。随着对生物制品病毒外源污染问题的重视和技术的加强，各国药品监管机构，以及业界不断加强对病毒安全风险控制的措施，相继出台了对生物制品病毒安全风险控制相关技术法规和质量控制指南，不断加强对生物制品生产全过程病毒污染控制要求，使得生物制品病毒污染安全性问题大为改善（表2-17）。相关国际性药品质量控制机构和行业协会也从行业规范角度，凝聚行业质量控制和管理经验，陆续发布管理技术指南，不断完善生物制品病毒污染的相关控制技术要求，指导企业加强控制，将生物制品病毒污染的风险降至最低，以保证此类制品使用安全。

表 2-17　国外病毒安全性主要技术指南

| 发布时间（年） | 发布机构 | 文件名称 | 阐述重点 | 适用范围 |
|---|---|---|---|---|
| 2004 | WHO | Technical report series 924 annex 4: guidelines on viral inactivation and removal procedures intended to assure the viral safety of human blood plasma products. | 病毒清除技术及验证 | 血液制品 |
| 2007 | WHO | Technical report, series 941: Recommendations for the production, control and regulation of human plasma for fractionation. | 血液制品的综合要求 | 血液制品 |
| 2008 | PDA | TR41：Virus Filtration | 病毒过滤技术 | 原材料、细胞、单克隆抗体、重组 DNA 蛋白制品、血液制品 |
| 2010 | PDA | TR47：Preparation of Virus Spikes Used for Virus Clearance Studies | 病毒液制备技术 | 原材料、细胞、单克隆抗体、重组 DNA 蛋白制品、血液制品 |
| 2013 | WHO | WHO TRS No.978 Annex3：Recommendations for the evaluation of animal cell cultures as substrates for the manufacture of biological medicinal products and for the characterization of cell banks；（取代了 Annex1 of WHO Technical Report Series, No. 878） | 污染源控制，细胞基质的控制 | 单克隆抗体及重组 DNA 蛋白制品 |
| 2015 | PDA | TR71：Emerging Methods for Virus Detection | 病毒检测技术 | 单克隆抗体及重组 DNA 蛋白制品 |

### 2.2.1.1 TR41：病毒过滤

该技术报告于 2005 年发布，阐述了除病毒过滤作为药品生产企业总体病毒安全策略的一部分，基于分子大小排阻的机制为病毒去除提供了有力保障，可作为原材料、细胞培养或原料血浆的病毒控制措施，这些措施共同构成了病毒安全策略的框架。该指南详解了滤器以粒径排除机制去除病毒的工作原理，并针对如何选择合适的过滤器给出了建议，描述了除病毒过滤测试方法的物理和生物安全参数，并着重阐述了病毒过滤验证评估研究。这份报告是一份指南性文件，并不是强制性标准。以下为该技术报告的概要内容。

生物制品的原料通常来自动物或人体组织，如亲本细胞或转化细胞动物、奶类或转基因动物的其他成分、天然提取物和人 / 动物血浆。这些产品通常属于蛋白质类，需要经过复杂的加工工序制成。虽然重组生物制品已被公认是安全的，但仍存在被已知或未知病原体污染的风险，因此法规机构要求在临床使用前和上市前对这些生物制品进行病毒安全的说明。

通过捐赠者筛查、给患者接种疫苗、单步病毒灭活工艺，或对细胞库和原材料进行病毒检测等方法并不能完全消除病原体传播的风险。在生物制品纯化工艺增加有效的病毒去除步骤，可以在减少或去除病毒的同时，保证产品分子结构的完整性。除病毒滤器是通过分子大小排阻机制，从产品（蛋白）溶液中去除病毒和其他生物大分子物质。

除病毒过滤是制药企业病毒安全保障策略的重要部分。本文所提到的病毒过滤（分子大小排除）是对病毒灭活工艺的补充完善，去除病毒还有其他的方法，如控制原料、细胞培养液检测和血浆原料检测。以上所提到的方法构成了病毒安全体系的框架。

病毒去除验证包括了对各单项研究内容的集合（亦可定义为"验证"或者"评估"），旨在确定生产工艺中去除进料中活病毒和内源性逆转录病毒样颗粒的效果和稳定性。验证涉及实验室规模的研究，包括等比例缩小的确认和病毒挑战实验。验证评估是通过生产规模的验证批次完成的，作为监管备案及产品上市准备的常规内容，各验证批次通常稳定一致。生产规模的验证通常在标准操作条件下进行，旨在确认小规模条件下病毒挑战验证的运行参数范围能用于正式生产工艺，并能稳定生产。

病毒去除验证研究的可接受标准取决于细胞培养液中的病毒样颗粒水平（如 C 型 – 内源性逆转录病毒）或者基于血液制品中病原体最低检测限形成的病毒风险评估。等比例缩小研究中获得的数据可作为法规申报资料的数据基础。验证结果也为工艺变更或者生产偏差的工艺调查分析建立基准。

验证会对病毒去除能力进行定量研究，将制备的病毒添加至具代表性的料液中，并用具有代表性的等比缩小工艺模拟生产工艺。虽然过滤是病毒去除主要因素，但病毒也可能受缓冲液条件或者物理操作过程的影响而失活，如果这些潜在影响确实存在，单独的对照实验研究可能有助于理解和计算过滤本身的除病毒效果。一般而言，考虑到被捕获至膜内部的病毒不可恢复性，除病毒过滤工艺无法实现病毒的物料平衡计算。

对于从哺乳动物细胞培养物、血浆或其他有可能被病毒污染的来源提取的生物制品，需要进行病毒去除验证/评估研究。这些验证研究需计算过滤器的病毒去除能力。去除数值以降低因子（RF）表示，如进料液中的病毒数量与滤出液中病毒数量比值的对数（lg）值。为防止将致病原带入到生物制品生产车间，病毒去除研究应在生产区域外的专业实验室内进行。

影响除病毒过滤器去除效率研究的关键因素包括：过滤器性能、指示病毒、挑战实验流程、按比例缩小规模、病毒检测分析以及料液质量。在病毒过滤验证中建立和采用"最差条件"是研究中的重要因素，也符合当前监管部门的期望要求。

ICH Q5A 为拟上市药物的病毒去除研究计划和具体实施提供了指导。但仍需要从相关地区管理机构寻找指导建议，以确定临床试验及上市申报等不同阶段病毒去除研究方案的可行性及其对病毒数量、种类的要求。

### 2.2.1.2 TR47：病毒清除研究挑战病毒的制备

该技术报告于 2010 年发布。对于病毒清除验证研究中使用的病毒液制备进行了阐述，对挑战病毒和噬菌体以及用于病毒繁殖和样品测试的细胞系质量属性进行了定义。文中没有提供病毒液制备的标准文件，也没有对特定的病毒质量属性设定标准，而是提供了可用于选择和定义相关病毒质量属性的指导原则，并强调减少病毒制备液对验证中单元操作的缩小模型的影响。以下为该技术报告的概要内容。

确保血液制品和生物制品的病毒安全性对患者的使用安全以及医药行业的市场推广至关重要。过去发生的血制品污染事件已经对数百名患者健康造成了严重影响，并损害了医药行业的形象。我们知道，现在重组生物制药产品没有出现过类似的病毒安全问题，血液制品也有更好地安全记录。这很大程度上是由于行业和监管机构为降低病毒风险而采取了严格的防控措施。

目前，确保病毒安全性的策略包含对产品或工艺的多方面控制，包括细胞库筛选，原料筛选和（或）灭活，以及生产工艺中引入对特定病毒的灭活 / 去除步骤。 在某些极端条件下，病毒会污染生产的中间品，我们也需要有一个标准来判断病毒清除能力是否能保证生产的病毒安全，因而验证工艺中灭活 / 去除病毒的水平是理解生产中病毒清除能力的关键。

病毒清除研究从设计实际生产工艺的缩小模型开始。使用缩小模型的目的是确定生产工艺的预期表现和病毒清除率。首先，根据 PDA 技术报告 NO.42 或 ICH Q8（R2），定义关键和重要的工艺参数（如色谱保留时间、单位膜面积的过滤体积），缩小模型要与商业化生产规模一致。其次，关键和重要的控制指标，如各工艺产量和纯度必须能代表大规模生产。其他操作参数，如柱床直径和过滤面积，可通过缩小模型等比缩小至实验室可研究范围内。如果沉淀步骤作为病毒清除工艺，病毒通过沉淀被清除，必须考虑其他特定的关键和重要的工艺参数。

病毒清除研究是通过缩小工艺模型研究实现的，在相关中间体中加入指示病毒，并根据工艺要求对其进行相应操作，以此计算和说明该工艺步骤对病毒灭活 / 去除的有效性。病毒清除研究中使用的挑战病毒应尽可能代表潜在的污染病毒。选择合适的指示病毒很关键，选择时要考虑病毒特性。例如，挑战病毒如含有血清，可能对无血清生产工艺的验证研究造成影响。再比如，如果挑战病毒中含非病毒源的外来大分子如蛋白质和DNA，会对下游工艺除病毒验证造成影响，因为生产过程中的料液大多是高度纯化的非聚合蛋白质。

为了实现这些目标，需要仔细选择和设计挑战病毒，无论是挑战病毒的体积还是纯度。调整挑战病毒的体积比较简单，而实现高纯度的挑战病毒就比较复杂。目前，一些粗纯的指示病毒被直接用于验证研究，它们来自未处理的澄清的细胞培养物裂解液或细胞培养上清。这些指示病毒更像大多数生物系统，相对多样化且难以控制。其他的病毒产品通过超速离心再悬浮，色谱或其他方法纯化制得，它们具有较高的纯度，但一定程度上仍存在异质性。在设计和说明病毒清除验证研究工艺时，应考虑所有指示病毒的异质性和残留杂质。

挑战病毒的制备和质量属性因病毒类型不同而有所不同：有的相对容易生长和准确计量，而另一部分则很难。生物制品和血液制品的病毒清除研究，通常会在不同地方不同单位进行，不同实验室之间的差异不可避免。为了最大限度提高终端用户和监管机构对病毒安全性的信息，需要尽可能减少这种差异。PDA挑战病毒制备任务工作组的目标是定义挑战病毒的质量属性，识别病毒优化的机会。本技术报告将报告不同生物制药过程的不同工艺步骤选择挑战病毒的标准，并提供病毒纯化和鉴定的一些技术细节。

本技术报告也考虑了噬菌体的制备。目前的监管机构排除了使用噬菌体替代动物病毒来进行最终工艺步骤验证研究的可能性。但在特定的情况下，噬菌体是有效的工具，可以减少成本和时间。例如在工艺优化、研发和操作范围的确定，特别是过滤步骤。

本指南中介绍的案例来自专题组成员。这些案例大部分是三次 PDA 病毒安全会议口头报告的摘要（BetheS/Da MD, 2001; Langen Germany, 2003; BetheS/Da MD, 2005），但数据未以书面形式公布。其他的数据由工作组成员基于他们公司的经验和数据提供。最终，工作组在 2005 年和 2007 年对此进行了调查研究，确定挑战病毒制备的当前应用现状和理想预期，总结的结果也首次呈现在此报告中。因此，该技术报告是第一份综合性的书面汇编，涉及病毒生产批量的纯度和其他特性对清除率研究的影响。

总体而言，本技术报告旨在对挑战病毒和噬菌体以及用于病毒扩增和样品测试的细胞系的质量属性进行定义。它既不提供挑战病毒制备的生产标准，也没有对特定挑战病毒的质量属性设定标准，而是提供了相关指导原则，并强调在验证和病毒清除观测过程中尽可能减少挑战病毒对缩小工艺模型清除验证和效果的影响。

### 2.2.1.3 动物细胞培养来源生物制品评估和细胞库鉴定的建议

WHO TRS NO. 978 附件 3 于 2013 年发布，同时取代了 WHO TRS No. 878 附件 1。该指南适用于所有动物细胞基质。不适用于所有在鸡胚、微生物细胞（如细菌和酵母）和植物细胞中制造的产品，也不适用于活的全动物细胞，如用于直接移植的干细胞等。该指南是侧重细胞的培养和动物细胞基质细胞库特性的建议。

这些建议取代了以前的 WHO 要求或建议，描述了使用动物细胞基质生产生物制品的程序。

指南也可能对生产过程中特定生物制品的质量控制有用，但质控相关的放行测试建议超出了本指南的范围。此外，与产品放行相关的风险评估不在本指南研究范围内，对于此类评估，应参考单个产品的要求或建议。

基因工程细胞越来越多地用于新的医药产品生产，这些产品的特定考量因素在其他地方已有描述。不过，许多常规问题涉及基因改造和其他细胞基质。

这些建议明确排除了在含胚卵、微生物细胞（即细菌和酵母）和植物细胞中生产的所有产品。通过移植直接用于治疗或当它们发育成干细胞以通过移植将它们用作治疗剂时有活力的动物细胞（如干细胞），也不在该文件范围内，在这种情况下，应与国家药品监管机构（NRA）/国家检定实验室（NCL）讨论特性表征测试。用于生产生物因子和疫苗等生物制品的干细胞应符合这些建议。

这里给出的一些一般性建议（A.1 至 A.5 部分）适用于所有动物来源细胞基质。有关原代细胞的更具体的指导可以见 WHO 发布的相关文件，例如：在原代猴肾细胞中生产脊髓灰质炎疫苗。

应根据 NRA / NCL 的适用要求开发和使用细胞基质。

一般而言，重新测试已经放行用于后续生产的材料与 GMP 要求不符，因此在进行重新测试之前必须有正当理由。因此，本指南的范围旨在覆盖细胞基质，因为新细胞库已建立。如特定情况下需要重新测试已经建立和放行的细胞，应该与相关国家药品监管机构讨论。

### 2.2.1.4 TR71：病毒检测新方法

该技术报告于 2015 年发布。本技术报告描述并客观评估了目前生物制品生产过程中潜在外来病毒的检测方法。同时，技术报告中讨论了最近由于分子生物学、质谱学和基因组学技术进步而开发出的一些新的检测方法，这些方法为已知和新型病毒检测提供了可能性。本指南的范围包括在细胞基质中生产的生物制品，并适用于证明此类产品安全性的病毒测试。以下为本技术报告的概要内容。

早在 19 世纪晚期人们就认识到外来微生物在生物制品中存在的可能性，在 1902 年美国颁布的生物控制法案就提到了这一点。20 世纪 50 年代在开发和测试生物制品时运用了更为严格的联邦法规，人们发现脊髓灰质炎病毒疫苗中存在着外来微生物 SV40。

国际和国家政府组织以及监管机构向药企提出了一些建议和相应的法律规范要求，让药企合理地设计和开展实验，以确保其产品的安全性和纯度。

在美国，美国 FDA 发布了相关规范 / 文件，规定生物制品的测试方式及要求，并通过《联邦法规》（CFR）形式颁布了相关法律法规。在欧盟,《欧洲药典》（EP）和 EMA 联合其他不同国家药品管理机构一起发布了关于生物制品测试方式及要求的相关文件。在世界的其他地区，人们已经尝试协调统一的测试标准，目的是确保产品不含有传染性的外来微生物。ICH 的要求在建立世界范围内统一最佳实践方法和风险缓解方面取得了重大进展。此外，WHO 更新了 TRS NO.878 附件 1，将动物细胞培养作为生物医药产品制造的基质和细胞库的特性的建议。

尽管对生物制品进行了必要的病毒检测，但在个别的案例中已经报告了有外源因子出现在生产工艺流程或产品中。值得注意的是，这些事件的大部分原因都是由原材料污染所致。这样的事件使人们重新建立更有效的监测计划、应对策略和检测方法来提高外源病原体的检测。目前许多检测外来病毒的方法为生物医药检测提供了良好的保障，但这些方法依旧无法检测潜伏或隐匿性病毒、新病毒，甚至一些已知的病毒，不过基于核酸的新型检测方法已经证实可以弥补之前检测方法的不足。

## 2.2.2 病毒安全性技术指南体现的不同关键点

目前，对于确保病毒安全的策略往往包括对细胞库筛选，原料筛选和（或）灭活，对产品和工艺过程的多级管制，以及考虑验证工艺过程对于病毒灭活 / 去除的能力。

### 2.2.2.1 细胞库筛选，原料筛选和（或）灭活

A. 细胞库：对于起始物料 / 原材料控制，目前行业指南的重点在于对材料来源本身的控制，以检测方法作为技术手段，从各个指标要求进行把控。目前，生物制品通常进行必要的病毒

检测，但仍有个别案例中报告有外源因子出现在工艺过程或产品中。

WHO 于 2013 年发布的 TRS No. 978 附件 3 建议评估动物细胞培养物作为制造生物制品和细胞库特性的基质，侧重于所有细胞培养和动物细胞基质细胞库特性。该指南相当于是从材料来源本身的控制层面提出建议，其内容从 GMP 要求、良好细胞培养实践原则、来源材料选择、生产企业对细胞库的认证、超低温保存和细胞库等方面给出了对适用于所有类型细胞培养生产的建议，同时给出了表征动物细胞基质细胞库的建议。其中原材料选择部分提到所有材料都应在必要时进行风险评估和测试，尤其是从人类和动物中分离出来的原材料，因为这些材料可能是将外来污染引入生物制品生产的主要来源。

人们迫切需要开发新技术、新方法解决生物制品生产过程中出现的新问题。行业指南 PDA TR71 已经对于该新病毒检测技术进行了综述。对于在细胞基质中生产的生物医药产品，PDA TR71 综述了传统和新型的病毒检测技术方法，同时阐述了新的病毒检测技术也是应用于实际生产过程中分析生物制剂的有力工具。从质量和法规角度，验证的稳定性和最终确认的验证路线还存在很大的挑战。

传统的病毒检测技术十分受限，近期在一些已经通过生产认证的产品中发现了外源病原体，包括在进行过很多病毒测试方法认证后的轮状病毒疫苗中发现了 PCV1 病毒。传统病毒检测技术的局限性可能会影响到生物制品的市场前景，再者在现阶段传统病毒检测技术在管理和检测上存在着明显的差异性。近年来，随着分子检测技术的不断发展和成熟，利用一些分子检测技术来检测病毒相对于传统检测技术检测的结果更加的稳固，使检测过程中的风险更低。其中包括核酸技术如 PCR 质谱分析法、病毒微阵列、大规模平行测序（MPS）又被称作下一代基因测序技术（NGS）。这些方法都能够很明显的测定出目前生物样本中潜在的病毒序列。表 2-18 中罗列了传统检测方法和新型技术的特点和局限性。

表 2-18　传统检测方法和新型技术的特点和局限性

| 方法 | 检测的特点 | 局限性 |
| --- | --- | --- |
| 动物体内检测、细胞培养体外检测 | 检测病毒范围广；可以接种大体积的量；对于传染性病毒检测灵敏性高 | 在系统内进行生物扩增；根据显示的结果来定性检测的结果 |
| TEM | 直观观察；最适合的浓度是 $10^6$ 个病毒微粒每毫升 | 需要专业的人进行分析；实际过程中结果转变缓慢 |
| PCR | 特定的、灵敏的；针对特定的病毒进行检测 | 需要知道靶向的病毒进行特定引物的设计；不能够检测病毒是否具有传染性 |
| 简并 PCR | 可以检测不同类型的病毒；便宜 | 没有 PCR 检测灵敏；不容易验证；由于细胞序列引起的假阳性结果 |
| 广谱 PCR- 电喷雾电离质谱技术 | 利于检测和调查研究；快速；检测的病毒范围广；通过病毒家族之间的关联可以检测未知病毒 | 全病毒引物检测范围有限；检测的实用性十分有限 |
| 大规模平行测序技术 / 下一代测序技术 | 生产无偏的序列；可以检测到广泛的病毒；未知病毒可以被检测到。 | 病毒的检测依靠于信息的完整性；敏感度依靠样品的制备和测序的程度 |
| 微阵列 | 杂交技术；可检测病毒范围广；通过病毒家族关系可以检测未知病毒；快速 | 灵敏度依靠样品的制备；分离和扩增；需要分辨假阳性结果；未能广泛使用 |

B. 其他生物材料来源如下。

  a. 血清和其他用于细胞培养基的牛源物质（WHO TRS No. 978 附件 3 A.3.2）。

  b. 胰蛋白酶和其他用于制备细胞培养物的猪源物质（WHO TRS No. 978 附件 3 A.3.3）。

  c. 培养基补充剂和从其他来源获得的用于制备细胞培养物的一般细胞培养试剂（WHO TRS No. 978 附件 3 A.3.4）。

### 2.2.2.2 病毒去除 / 灭活工艺

病毒灭活 / 去除验证旨在确定清除生产工艺物料中的病毒和内源性逆转录病毒类颗粒的效力和稳定性。验证研究中需要考虑很多因素。

A. 病毒灭活 / 去除验证中涉及的病毒制备：验证过程中灭活 / 去除病毒的能力是理解生产工艺清除病毒能力的关键，尽管可能性很低，它们确实会污染过程中间体，并且提供一个判定准则来确定清除能力足以确保病毒安全。病毒清除研究通过将病毒加入相关中间体并在缩小模型操作中处理加标物质来进行。同时，病毒清除验证中的加标病毒液应当尽可能地代表潜在的污染物。

验证中对于模型病毒的选择非常重要，当然也需要考虑挑战病毒的特点。例如不能用含血清的病毒液去验证无血清产品的验证研究。同样地，含有非病毒性外源性大分子（如蛋白质和 DNA）的挑战病毒会影响下游工艺验证。病毒清除验证研究时通常要考虑生物制品类型，工艺步骤的类型以及工艺中间体纯度。原则上，用于试验的挑战病毒制备不得影响缩小模型研究和获得结果的一致性。病毒清除研究的结果应是可重复的，应该尽可能控制病毒制备时的污染物，集聚情况或异质性。为了确保病毒研究结果的准确性，所用挑战病毒必须详细表征并尽可能保持一致性。

在进行病毒清除研究过程中，用于病毒增殖、定量所需细胞需要进行特性鉴定和检测。为了确保连续使用适合的细胞，应建立细胞库系统。经鉴定的细胞库不仅能为检测提供一致的细胞来源，还能降低其他细胞系或外源因子污染的可能性。为了使获得可信的检测结果，细胞都应该经过鉴定；关于细胞的历史和用于细胞培养的试剂都应该记录。

在过去的几十年里，除病毒过滤器制造商已经使用大小相近的噬菌体作为病毒模型，来评估病毒在除病毒过滤器中的行为。与动物病毒相反，噬菌体可以在短时间内生长到非常高的滴度，并且很稳定。已有数据比较了动物病毒 MVM 和小型噬菌体 $\Phi X$–174 在过滤器中的保留能力。结果显示相同条件下，这两种微生物经过同一种过滤器，其病毒滴度降低量相似。然而该研究没有直接比较噬菌体和动物病毒的大小，也没有研究它们共同作为病毒模型的结果。综上所述，尽管病毒去除研究中使用噬菌体很有优势，但是用噬菌体替代动物病毒进行验证研究目前并未被监管机构接受认可。当然，噬菌体可以为 QbD 和工艺优化研究提供额外的数据支持，在这些方面颗粒大小是病毒去除的关键参数。同时，噬菌体研究可以补充动物病毒相关研究的数据。

用于病毒准备时各病毒库（病毒批次、主病毒库、工作病毒库）的表征。检测的类型和范围由病毒制备的用途决定。直接用于挑战验证研究的病毒批次的表征，与各类病毒库的表征要求略有不同，对病毒库来说病毒的验证和无菌尤为重要。而对于病毒繁殖批次，纯度的确定（如细胞源蛋白质和 DNA 污染物）或病毒集聚体的控制可能更加重要。因此，选择病毒繁殖批次的表征方法时应考虑其将用于清除研究的预期用途。比较重要的属性包括鉴定，功能性特性，纯度和污染物的控制。

病毒纯度是特别重要的指标，因为培养基污染（如血清）或细胞污染均会影响后续病毒清除研究的结果。如果病毒是从因病毒复制而被完全破坏的细胞中获取，或是通过冻融从而释放病毒，细胞源污染的可能就会很高。研究上游或前期处理过程时，使用较少纯化工艺制备的病毒液是可接受的。相反的，下游工艺中通常涉及中性低盐缓冲液中相对纯净的非聚集蛋白，因此需要更纯的挑战病毒来减小对单个操作的干扰。因此，在验证工艺步骤中，病毒生长条件及其纯化工艺是重要的考虑因素。

国内外对生物制品的病毒安全问题始终保持较高的关注

度，全球范围内的法规文件对此都有比较严格的要求，目前基本保证了产品的安全性记录。而行业内的组织机构等也发布了内容范围广泛的指南性文件，有助于更多的读者对于法规内容的补充理解。类似的，随着科学技术的不断更新，应用于生物制品病毒安全风险控制方法手段也是日新月异，对于风险控制涉及的关键点也愈加完善。这些都可为生物制品的病毒污染风险控制增加强有力的保障。

B. 病毒去除灭活工艺：目前有多种工艺可用于病毒的灭活 / 去除，除病毒过滤需要保证在减少 / 去除病毒的同时保证产品的回收率，这是制药商首选的保证病毒安全的策略。除病毒过滤是根据粒径筛分机制，从产品（蛋白）溶液中特异性去除病毒和其他生物大分子的过程。行业指南 PDA TR41 针对除病毒过滤器的标称、性能特点、病毒过滤器验证 / 评估研究等内容均做了详细的阐述。

# 3 病毒污染源

本章将针对治疗用生物制品的病毒污染源、病毒污染筛查检测、病毒灭活／去除工艺建立与验证和病毒污染风险控制策略四个方面，阐述治疗用生物制品的病毒安全保障实施。本章主要阐述治疗用生物制品病毒污染源，并概要介绍病毒污染源风险控制。

本《控制要点》将治疗用生物制品的病毒污染源分为内源性病毒污染源和外源性病毒污染源两类。本章以工程细胞来源治疗用生物制品，组织或者体液来源治疗用生物制品为代表阐述治疗用生物制品的病毒污染源，其他来源治疗用生物制品的病毒污染源分析和风险控制可参照完成。

## 3.1 内源性病毒污染源

### 3.1.1 工程细胞

工程细胞可能源于人的组织或器官，动物的组织或器官，植物的组织，或其他来源。这些工程细胞一旦污染病毒，可能会带入到下游生产工艺，成为病毒污染的源头。例如人或动物会自然携带或者感染不同种类的病毒，组织或器官原材料在取材、运输及保存过程中有可能因未严格执行操作规范，导致病毒污染或交叉污染。工程细胞在构建过程中一些环节也可能导致病毒污染，例如，采用病毒作为载体表达某一编码蛋白的特异基因，使用了受病毒污染的物料，操作人员自身携带病毒导致的病毒污染。因此，工程细胞自身具有潜在病毒污染风险，可视其为工程细胞来源治疗用生物制品的内源性病毒污染源。工程细胞构建过程所引入的外源性病毒污染风险在本《控制要点》中是作为工程细胞这一内源性病毒污染源的一部分。

### 3.1.1.1 工程细胞来源导致的病毒污染风险

A. 提供组织或器官的人、动物或植物等自身存在病毒污染风险。

B. 组织或器官原材料在取材、运输及保存过程导致的病毒污染风险。

### 3.1.1.2 工程细胞构建过程可能导致病毒污染风险

A. 采用病毒作为载体表达某一编码蛋白的特异基因。

B. 使用动物来源成分的培养基。

C. 使用动物来源成分的其他材料，如胰蛋白酶。

D. 使用受病毒污染的其他物料。

E. 操作人员自身携带病毒导致的病毒污染。

F. 操作人员未按照规定执行正确操作导致的病毒污染。

### 3.1.1.3 工程细胞各级制备过程均有可能引入病毒污染风险

A. 工程细胞原始细胞库（PCB）。

B. 工程细胞主细胞库（MCB）。

C. 工程细胞工作细胞库（WCB）。

## 3.1.2 组织或者体液

人或动物组织或者体液材料自身具有潜在病毒污染风险。

A. 人、动物的组织或者体液（或源于植物）供体存在的病毒污染风险。

B. 组织或体液在取材、运输及保存过程导致的病毒污染风险。

# 3.2 外源性病毒污染源

工程细胞来源、组织或者体液来源治疗用生物制品的外源性病毒污染源，在本《控制要点》中是指获得工程细胞、组织或者体液后至完成制剂灌装的整个生产过程所存在的病毒污染源。外源性病毒污染源主要涉及物料、人员、设施环境、过程监测等方面。

### 3.2.1 物料控制

A. 使用受病毒污染的物料，包括试剂、培养基、色谱介质等。

B. 动物来源原辅料引入的病毒污染风险。

C. 存在病毒污染风险物料缺少必要的检验放行措施。

D. 物料存储缺少必要的隔离措施，即动物源性物料与常规非动物源性物料未进行隔离管理，因交叉污染所致。

E. 物料在仓储过程中被动物（如小鼠）污染而引入病毒。

### 3.2.2 人员控制

A. 缺少健康档案管理，操作人员自身携带病毒导致的病毒污染风险。

B. 人员培训不足，操作人员未按照规定执行正确操作导致的病毒污染风险。

### 3.2.3 设施环境

A. 设施不密封，洁净级别无法保证。

B. 设备清洁无效。

C. 人流、物流、废物流交叉污染。

D. 共线生产的交叉污染。

### 3.2.4 过程监测

缺少必要的过程控制策略和中控检测计划。

## 3.3 病毒污染源风险控制

本节从内源性病毒污染源和外源性病毒污染源两方面，概要介绍病毒污染源风险控制，具体内容见后续相关章节。

### 3.3.1 内源性病毒污染源风险控制

#### 3.3.1.1 工程细胞

A. 控制提供组织或器官的人、动物或植物等自身存在的病毒污染风险。

B. 控制组织或器官原材料的取材、运输及保存过程，预防病毒污染风险。

C. 预防工程细胞构建过程中使用病毒载体可能存在的病毒污染风险。

D. 工程细胞构建过程避免使用受病毒污染的物料，包括试剂、培养基等。

E. 优先选用非动物来源材料。如需使用动物来源材料，如血清、胰蛋白酶等，应有充足信息，包括但不限于：供应商、产地（应来源于没有发生牛脑海绵体脑病地区的健康牛群，应检查无外源因子污染方可使用）。企业还应考虑动物来源物料在药品生产过程中的作用、使用阶段、用量、病毒复制风险、后续处理及病毒检测结果，供应商变更，物料可追溯性，进行风险评估并形成数据包。

F. 定期对工程细胞（细菌）构建操作人员进行身体检查，预防操作人员自身携带病毒导致的病毒污染风险。

G. 规范工程细胞（细菌）构建过程操作，防止操作人员未按照规定执行正确操作导致的病毒污染风险。

H. 避免设施环境导致的病毒污染风险。

I. 详细记录原始细胞的来源、物种、产地、年龄、性别和分离方法等相关信息。过程中用到的试剂和培养基，特别是动物来源的组分（如动物血清），需要详细记录相应的批号信息。这些信息可以作为宿主细胞的历史溯源信息，用于评估宿主细胞受到潜在污染的可能性。

J. 构建的主细胞库应进行全面的内源性和非内源性病毒筛查，见表3-1。应特别关注已确认对于人类具有感染和致病能力的病毒以及已有试验提示与人类疾病具有密切关联性的病毒。明确工程细胞可能存在的动物源性病毒的种类，包括种特异性病毒、逆转录病毒等。阐明风险性病毒对人的多种敏感细胞的亲嗜性、对不同动物宿主的感染适应性和选择特异性，提供有关生物学特性以及对理化因素敏感性等方面的研究报道资料。根据细胞库构建的历史信息，还可能需要对特定的病毒进行检测，如过程中用到可能受特异性病毒污染的原材料或环境。

K. 对于直接引用已建立的传代细胞系（例如 CHO 细胞），应提供引进时的合法来源、传代历史及外源因子鉴定方面的证明性文件，在病毒的检测控制方面可参照《中国药典》2020 年版《生物制品生产检定用动物细胞基质制备及质量控制》中关于细胞内外源病毒因子检查的相关要求，复核验证种子库细胞。

L. 对工作细胞库进行直接或间接的外源性病毒检测，例如对主细胞库和生产终末代次细胞均进行过的外源性病毒检测，通常不需要对工作细胞库中进行抗体产生检测。

M. 对生产终末代次细胞进行病毒检测，一方面是防止因检测方法灵敏度的限制而可能出现的细胞库污染病毒漏检问题；另一方面，是防止在生产过程中引入病毒污染的风险，从而加强对整个培养过程的病毒污染风险控制。如果在生产终末代次细胞中检测出外源性病毒，则需要对整个生产过程甚至是细胞库构建过程进行排查，找出病毒污染源并加以整改，预防再次发生。

N. 在确定了细胞培养的基本生产条件和工艺后，应对未经任何处理的多批收获物（特指细胞培养结束时的混悬液），取样进行适宜的病毒污染检测，检测供试品应具有代表性。如果混悬液本身具有细胞毒性，则应尽量抽取最初分离工艺处理后的供试品，以降低细胞毒性。也可以根据具体情况，对培养过程中及终点时的完整或破碎细胞及其上清液进行检测。上述代表性样本如下。

a. 在模拟生产条件下，对至少三个连续批培养细胞及其上清液制备的混悬液中抽取的供试品。

b. 生产不同阶段或者不同时间点采取的供试品。

c. 抽取的供试品量应能够反映培养物整体的情况。

在模拟或者中试条件下，至少三个连续批应进行上述供试品的检测。如果在此阶段检出了外源污染的感染性活病毒，则必须废弃培养的细胞混悬液，认真查找原因并采取相应对策。在建立了生产规范，能够严格控制生产工艺过程后可以定期抽查培养终末时未处理的细胞培养物混悬液。

O. 细胞培养结束时的细胞混悬液如果检测出污染了已知对人致病或者感染性的外源病毒，则该细胞培养物不能用于后续生产；如果检出了内源性逆转录病毒、具有种属特异性的其他感染性活病毒，在没有充分证据表明对于人体安全性和充分的灭活验证保证的前提下，须废弃该原材料并妥善处理。

P. 对于含有除内源性逆转录病毒以外的病毒的细胞系的可接受性，将由药品管理机构根据具体情况，基于产品利益及其预期临床应用的风险／收益分析，污染的性质、病毒感染人类或导致人类疾病的可能性，产品的纯化过程（例如病毒清除评估数据）以及对纯化后的批次进行病毒测试的程度来决定。

表 3-1　不同阶段细胞所需要的病毒相关检测

| | 主细胞库 | 工作细胞库 | 终末细胞 |
|---|---|---|---|
| 逆转录病毒和其他内源性病毒检测 | | | |
| 感染性 | + | − | + |
| 电子显微镜 | + | − | + |
| 逆转录酶 | + | − | + |
| 其他病毒相关检测 | 根据需要 | − | 根据需要 |
| 非内源性病毒或外源性病毒检测 | | | |
| 体外细胞检测 | + | | + |
| 体内检测 | + | | + |
| 抗体产生测试 [1] | + | | |
| 其他特异性病毒检测 [2] | + | | |

1. 如 MAP, RAP, HAP 用于啮齿类来源的细胞系。
2. 如来源于人，或其他灵长类动物的细胞系所需要的检测

## 3.3.1.2 组织或者体液

鉴于组织或者体液本身具有潜在病毒污染风险，对组织或者体液从预防和检测两个层面采取风险控制措施，以血液制品为例。

A. 血液制品的起始原材料为人血浆，单采血浆站和血液制品生产企业应严格遵照国家卫生行政管理部门的相关规定开展经营活动，控制病毒污染源风险。单采浆站设置、献血浆者筛选、血浆采集、单采血浆站血浆检测及储存等的管理应符合《血液制品管理条例》规定。

B. 在供血浆者管理过程中，完善回访等献浆后续工作，这

是提高采浆工作质量的重要措施之一。首次供血浆者如果在 1 年内未能再次供浆或未能再次通过供血浆者筛选及血浆样本病毒检测，其首次提供的原料血浆应当剔除，按不合格血浆处理，不得投入血液制品生产。

C. 使用经批准的体外诊断试剂，对每一人份血浆进行全面复检，并作检测记录，检测结果应符合《中国药典》2020 年版三部生物制品通则《血液制品生产用人血浆》的要求。原料血浆经复检不合格的，不得投料生产，并必须在省级药品监管下按照规定程序和方法予以销毁，并做记录。

D. 关注新发现病毒，关注更为先进的病毒检测方法。

E. 血液制品生产企业应按《原料血浆检疫期管理技术指导原则》对原料血浆实施检疫期管理。采用酶联免疫吸附法检测的血浆样本检疫期不少于 90 天，即将采集并检测合格的原料血浆放置 90 天后，经对献浆员的血浆样本再次进行病毒检测合格后，方可将 90 天前采集合格的原料血浆投入 生产，未实行检疫期的原料血浆不得投料生产。采用核酸检测技术可以明显缩短血浆感染病毒阳转前潜伏期（窗口期）的检出期限，降低血源性病毒的传播危险，在酶联免疫吸附法基础上增加病毒核酸扩增法检测，则时限为自血浆采集之日起不少于 60 天。

F. 单人份血浆混合后，在进行血液制品各组分提取前，应于每个合并容器中抽取合并血浆样品，按照《中国药典》2020 年版要求采用经批准的试剂盒进行 HBsAg、HCV

抗体及 HIV-1 和 HIV-2 抗体检测，结果应为阴性；合并血浆样品检测方法及试剂应具有适宜的灵敏度和特异性。FDA、EMA 建议对所有类型血液制品生产用的混合血浆进行 B19 病毒的 minipool NAT 检测，弃掉 B19 病毒高滴度的血浆，将混合原料血浆中 B19 病毒的含量控制在 < $10^4$ IU/ml 水平。

G. 在供血浆者所供血浆的检疫期满时，其再次供浆样本的病毒检测结果呈阴性，则之前所供的检疫期满血浆为检疫期合格血浆，可用于血液制品生产；若供血浆者在检疫期时限内未正常供浆，但在 1 年内再次供浆或通过回访取其血样检测结果符合要求，则该供血浆者之前所供的检疫期满血浆可投入血液制品生产；除前两种情况外，未发现供血浆者不合格信息（包括健康体检 \ 血样病原体检测等），其检疫期满血浆可投料生产。

H. 供血浆者的病原体检测结果呈阳性，该供血浆者之前检疫期时限内血浆，为检疫期不合格血浆，应当剔除，按不合格血浆处理，不得投入血液制品生产。

I. 血液制品生产企业还应该建立信息追溯系统，保证献血浆者、原料血浆及相关血液制品的可追溯性。单人份血浆混合后，在进行血液制品各组分提取前，应于每个合并容器中抽取合并血浆样品进行检测，检测方法及试剂应具有适宜的灵敏度和特异性。

J. 若其他生产物料有潜在病毒污染风险时，均应开展适宜的病毒检测。

K. 避免血浆存储、运输环节造成病毒污染，如运输时的温度控制，温度过高易造成微生物的滋长而污染。

L. 防止生产用物料仓储过程中被动物（如小鼠）污染而引入病毒。

M. 避免人员、生产设施环境造成的污染。

    a. 相关人员应当经过生物安全防护的培训，尤其是经过预防经血液传播疾病方面的知识培训；应当接种预防经血液传播疾病的疫苗；并定期（至少每年一次）进行健康体检。

    b. 原料血浆破袋、合并、分离、提取、分装前的巴氏灭活等工序至少在 D 级洁净区内进行。血浆融浆区域、组分分离区域以及病毒灭活后生产区域应当彼此分开，生产设备应当专用，各区域应当有独立的空气净化系统。血液制品生产中，应当采取措施防止病毒去除和（或）灭活前、后制品的交叉污染，病毒去除和（或）灭活后的制品应当使用隔离的专用生产区域与设备，并使用独立的空气净化系统。

N. 避免生产过程中使用动物来源物料时混入病毒。

O. 生产血液制品时，若使用外部企业来源的原料（不仅限于血浆，也有血浆来源的中间组分作为原料使用），例如，冷沉淀物（凝血因子Ⅷ的制剂原料）、低温乙醇分离法得到的组分Ⅴ（白蛋白的制剂原料）、组分Ⅱ+Ⅲ或组分Ⅱ（免疫球蛋白制剂原料）和组分Ⅳ-1（抗凝血酶Ⅲ的制剂原料）等中间原料，应对中间原料进行适当的确认。

### 3.3.2 外源性病毒污染源风险控制

工程细胞来源治疗用生物制品和组织或者体液来源治疗用生物制品的外源性病毒污染源风险控制具有相似之处，主要是从物料、人员和设施环境几方面的控制外源性病毒污染源。

#### 3.3.2.1 物料控制

A. 避免使用受病毒污染的材料，包括试剂、培养基、色谱介质等。

B. 优先选用非动物来源物料。例如，对于培养基，优先选择化学成分确定的培养基，如不能避免使用可能存在潜在风险的培养基或原料，需了解材料来源、成分、含量和级别以评估病毒污染风险，例如从自然开采、细菌发酵、植物来源到动物来源，病毒污染风险由低到高；含量越高风险越高；级别越高风险越低（使用药用级试剂或其他原材料，有助于降低病毒混入的风险）。

C. 建立完善的供应商管理系统，评估可能存在病毒污染风险材料供应商的质量体系、生产设施，以及采取相应的降低病毒污染风险的措施，变更管理等。应与供应商签署质量和技术协议，应包括严格的变更控制以管理其产品或供应商的变更通知的详细信息。

D. 管理好可能存在的分包装过程，以及运输和仓储环节，防范啮齿类动物污染。

E. 对存在潜在病毒污染风险材料应有必要的检验放行标准。

F. 物料存储应采取必要的隔离措施，即动物源性物料与常规非动物源性物料进行隔离管理，专人负责，独立区域，严格台账登记物料的领用流向，使用后及时灭活处理。

G. 防止物料在仓储过程中被动物（如小鼠）污染而引入病毒。

H. 根据风险评估结论，考虑是否在使用前，对存在潜在病毒污染风险物料进行病毒灭活 / 去除，方法选择应考虑适用的病毒类型、对物料成分影响、方法的适用性等方面。

### 3.3.2.2 人员控制

A. 建立健康档案，制定体检机制，定期对操作人员进行体检，预防操作人员自身携带病毒导致的对物料、生产用起始材料、原辅料以及生产环境病毒污染风险。

B. 建立健全人员培训机制，强化培训人员的规范意识，预防操作人员违反操作规程而导致的病毒污染风险。

### 3.3.2.3 设施环境

A. 厂房设计考虑防止病毒入侵风险。

B. 厂房布局、分区合理，人物流 / 废物流合理，防止病毒污染。

C. 防止空调净化系统失效导致的病毒污染风险。

D. 有效的清洁验证，避免清洁失效导致的病毒污染风险。

E. 防止直接接触产品的生产设备导致的外源病毒污染风险。

F. 多产品共线生产，应尽量考虑一次性或专属性设备，色谱填料 / 膜包禁止混用。

G. 控制开放操作存在的污染风险。

### 3.3.2.4 过程监测

生产过程应进行必要的病毒检测以监控病毒污染风险，例如对生产终末细胞进行病毒检测；对未经加工的细胞培养液进行病毒检测。

# 4 病毒污染筛查和检测方法

## 4.1 病毒污染筛查和病毒检测方法

### 4.1.1 病毒污染筛查和病毒检测方法归类

病毒检测主要是以病毒的感染性、完整性、组分等为对象，可分为功能性测试和非功能性测试，见图 4-1。感染性病毒颗粒通常需要完整的病毒基因组和病毒蛋白。针对感染性病毒颗粒的检测可视为功能性检测，其他检测为非功能性，主要是针对病毒的特定组分。治疗用生物制品相关病毒污染筛查和病毒检测方法

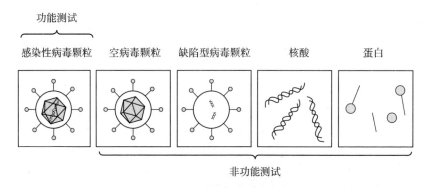

图 4-1　功能性测试和非功能性测试的检测对象

及其对象，参见表4-1，但不限于表中所列的检测方法。

表 4-1　病毒检测方法归类

| 检测方法类别 | 检测方法主项 | 检测方法子项 | 检测对象 |
|---|---|---|---|
| 直接检测法 | 形态学观察法 | 电镜法（TEM） | 病毒颗粒 |
| | | 病毒计数仪法 | 病毒颗粒 |
| 生物学方法 | 鸡胚接种法 | 5~6 日龄鸡胚存活率 % | 感染性病毒颗粒 |
| | | 9~11 日龄鸡胚尿囊液红细胞凝集试验 | 病毒抗原 |
| | 动物体内接种法 | 乳鼠存活率 % | 感染性病毒颗粒 |
| | | 成鼠存活率 % | 感染性病毒颗粒 |
| | | 豚鼠 | 感染性病毒颗粒 |
| | | 家兔 | 感染性病毒颗粒 |
| | 细胞培养直接观察 | 细胞培养直接观察 | 感染性病毒颗粒 |
| | 不同细胞传代培养检查 | 猴源 Vero 细胞 | 感染性病毒颗粒 |
| | | 人源 MRC-5 细胞 | 感染性病毒颗粒 |
| | | 同种属同组织类型细胞 CHO-K1 | 感染性病毒颗粒 |
| | | BT 细胞 | 感染性病毒颗粒 |
| | | MDBK（NBL-1）细胞 | 感染性病毒颗粒 |
| | | NB324K 细胞 | 感染性病毒颗粒 |
| | 不同细胞传代培养检查红细胞吸附试验 | 猴源 Vero 细胞 | 病毒抗原 |
| | | 人源 MRC-5 细胞 | 病毒抗原 |
| | | 同种属同组织类型细胞 CHO-K1 | 病毒抗原 |
| | | BT 细胞 | 病毒抗原 |
| | | MDBK（NBL-1）细胞 | 病毒抗原 |

| 检测方法类别 | 检测方法主项 | 检测方法子项 | 检测对象 |
|---|---|---|---|
| 免疫学方法 | 不同细胞传代培养检查红细胞凝集试验 | 猴源 Vero 细胞 | 病毒抗原 |
| | | 人源 MRC-5 细胞 | 病毒抗原 |
| | | 同种属同组织类型细胞 CHO-K1 | 病毒抗原 |
| | 小鼠特异性抗体产生试验 | 乳鼠 | 病毒抗原 |
| | | 3~4 周龄小鼠 | 病毒抗原 |
| | | 6~8 周龄小鼠 | 病毒抗原 |
| | | 其他 | 病毒抗原 |
| | 酶联免疫吸附法（ELISA） | 双抗原（体）夹心法 | 病毒抗原 |
| | | 间接法 | 病毒抗原 |
| | 免疫荧光法（IFA） | – | 病毒抗原 |
| | 酶标斑点免疫法（E-DBA） | – | 感染性病毒颗粒 |
| | 单向免疫扩散法（SRID） | – | 感染性病毒颗粒 |
| 分子生物学方法 | 核酸分子杂交技术 | – | 病毒核酸 |
| | 聚合酶链式反应（PCR）法 | 转录介导扩增（TMA）法 | 病毒核酸 |
| | | 传统 PCR 法 | 病毒核酸 |
| | | 实时荧光定量 PCR（qPCR）法 | 病毒核酸 |
| | | 逆转录 PCR（RT-PCR）法 | 病毒核酸 |
| | | 荧光实时逆转录 PCR（qRT-PCR）法 | 病毒核酸 |
| | | 产物增强逆转录酶检测（PERT） | 病毒逆转录酶 |

| 检测方法类别 | 检测方法主项 | 检测方法子项 | 检测对象 |
|---|---|---|---|
| 分子生物学方法 | 聚合酶链式反应（PCR）法 | 巢式 PCR（nPCR）法 | 病毒核酸 |
| 其他方法 | 流式细胞技术（FCM）法 | – | 感染性病毒颗粒 |
| | 基因芯片技术法 | – | 病毒核酸 |
| | 蛋白质芯片技术法 | – | 病毒蛋白 |
| | 高效液相色谱法（HPLC） | – | 病毒抗原 |
| | 其他 | – | – |

## 4.1.2 病毒污染筛查和病毒检测方法介绍

本节仅对几种病毒污染筛查和病毒检测方法做简要介绍。

### 4.1.2.1 电镜法

电子显微镜（Electron Microscope，EM）简称电镜，分辨率可达到 0.2nm，较光学显微镜的分辨率提高大约 1000 倍。电子显微镜按结构和用途的不同，可分为透射式电子显微镜、扫描式电子显微镜、反射式电子显微镜和发射式电子显微镜等。其中，透射式电子显微镜在病毒鉴定中有着重要的地位，在相当长时间内被认为是检测病毒颗粒绝对定量的"金标准"。

电镜法是对经正 / 负染色生物样本中的病毒颗粒进行形态学观察，直接检测病毒。正染色标记病毒颗粒自身，而负染色标记背景，从而在病毒颗粒以及载网之间形成对比。一般而言，正染色方法能够提供病毒颗粒的尺寸大小并获得计数结果，而负染方法可以提供颗粒结果的相关信息。电镜法的缺点在于对检测样品中病毒滴度水平的要求较高；制备分析样本的过程比较复杂、耗费时间较长，需要熟练的专业技术人员；不同操作人员之间的病毒颗粒计数会存在波动；所需设备较昂贵。

### 4.1.2.2 动物和鸡胚体内接种法

《中国药典》2020 年版三部生物制品通则《生物制品生产检定用动物细胞基质制备及质量控制》对动物和鸡胚体内接种法作了简述。

用待检细胞培养上清液制备活细胞（或适宜时采用相当量的细胞裂解物），接种动物体内进行外源病毒因子检测。待检细胞至少应接种乳鼠、成年小鼠和鸡胚（两组不同日龄）共计 4 组，如为新建细胞，还需接种豚鼠。原代猴肾细胞还需用家兔体内接种法或兔肾细胞培养法检查猴疱疹 B 病毒。按表 4-2 所列方法进行试验和观察。接种后 24 小时内动物死亡超过 20%，试验无效。

表 4-2　动物体内接种法检测外源病毒因子

| 动物组 | 要求 | 数量 | 接种途径 | 细胞浓度（个活细胞/ml） | 接种细胞液量（ml/只） | 观察天数 |
|---|---|---|---|---|---|---|
| 乳鼠 | 24 小时内 | 至少 20 只（2 窝） | 脑内；腹腔 | >1×10⁷ | 0.01；0.1 | 21 天 |
| 成年小鼠 | 15~20g | 至少 10 只 | 脑内；腹腔 | >1×10⁷ | 0.03；0.5 | 21 天 |

| 动物组 | 要求 | 数量 | 接种途径 | 细胞浓度（个活细胞/ml） | 接种细胞液量（ml/只） | 观察天数 |
|---|---|---|---|---|---|---|
| 鸡胚[①] | 9~11 日龄 | 10 枚 | 尿囊腔[①] | $>5 \times 10^6$ | 0.2 | 3~4 天 |
| 鸡胚 | 5~7 日龄 | 10 枚 | 卵黄囊 | $>2 \times 10^6$ | 0.5 | 5 天 |
| 豚鼠 | 350~500g | 5 只 | 腹腔 | $>4 \times 10^5$ | 5.0 | 至少 42 天，观察期末解剖所有动物 |
| 家兔 | 1.5~2.5kg | 5 只 | 皮下；皮内[②] | $>2 \times 10^5$ | 9.0；0.1 × 10 | 至少 21 天 |

①经尿囊腔接种的鸡胚，在观察末期，应用豚鼠和鸡红细胞混合悬液进行直接红细胞凝集试验。

②每只家兔于皮内注射 10 处，每处 0.4ml。

观察期内，如被接种动物出现异常或疾病应进行原因分析，观察期内死亡的动物应进行大体解剖观察及组织学检查，以确定死亡原因。如动物显示有病毒感染，则应采用培养法或分子生物学方法对病毒进行鉴定（如观察期内超过 20% 的动物出现死亡，且可明确判定为动物撕咬所致），试验判定为无效，应重试。

观察期末时，符合下列条件判为合格。

A. 乳鼠和成年小鼠接种组：至少应有 80% 接种动物健存，且小鼠未显示有可传播性因子或其他病毒感染。

B. 鸡胚接种组：卵黄囊接种的鸡胚至少应有 80% 存活，且未显示有病毒感染；尿囊腔接种的鸡胚至少应有 80% 存活，且尿囊液红细胞凝集试验为阴性。

C. 豚鼠接种组：至少应有 80% 接种动物健存，且动物未显示有可传播性因子或其他病毒感染。

D. 家兔接种组：至少应有 80% 接种动物健存，且动物未显示有可传播性因子或其他病毒感染（包括接种部分损伤）。

### 4.1.2.3 体外细胞接种培养法

《中国药典》2020 年版三部生物制品通则《生物制品生产检定用动物细胞基质制备及质量控制》对体外不同指示细胞接种培养法作了简述。

A. 用待检细胞培养上清液制备活细胞或细胞裂解物，分别接种至少下列三种单层指示细胞，包括猴源细胞、人二倍体细胞和同种属、同组织类型来源的细胞。待测样本检测前，可于 –70℃ 或以下保存。

B. 每种单层指示细胞至少接种 $10^7$ 个活细胞或相当于 $10^7$ 个活细胞的裂解物。接种量应占维持液的 1/4 以上，每种指示细胞至少接种 2 瓶。取培养 7 天的细胞各 1 瓶，取上清液或细胞裂解物再分别接种于新鲜制备的相应的指示细胞盲传一代，与初次接种的另一瓶细胞继续培养 7 天，观察细胞病变，并在观察期末取细胞培养物进行血吸附试验；取细胞培养上清液进行红细胞凝集试验。

C. 用 0.2%~0.5% 豚鼠红细胞和鸡红细胞混合悬液进行血吸附试验和红细胞凝集试验。将混合红细胞加入细胞培养瓶，一半置于 2~8℃ 孵育 30 分钟，一半置于 20~25℃ 孵育 30 分钟，分别进行镜检，观察红细胞吸附情况。取细胞上清液从原倍起进行倍比稀释后，加入混合红细胞，先置 2~8℃ 孵育 30 分钟，然后置于 20~25℃ 孵育 30 分钟，分别观察红细胞凝集情况。

D. 接种的每种指示细胞不得出现细胞病变，血吸附试验及红细胞凝集试验均应为阴性。试验应设立病毒阳性对照，包括可观察细胞病变的病毒阳性对照、血吸附阳性对照及血凝阳性对照。如待检细胞裂解物对单层细胞有干扰，则应排除干扰因素。

E. 若已知待检细胞可支持人或猴巨细胞病毒（CMV）的生长，则应在接种人二倍体细胞后至少观察 28 天，应无细胞病变，且血吸附试验及红细胞凝集试验均应为阴性。

F. 根据 ICH Q2 的要求，标准的外源病毒检查方法，需要结合检查样品开展样品特异性确认（Product Specific Qualification，PSQ），目的是考察检测样本对检测细胞培养的干扰，评价测试样本对检测灵敏度的影响。需要在产品上市前，完成体外细胞培养法检测病毒的 PSQ。

### 4.1.2.4 动物中和试验法

中和试验法是一种免疫学方法，利用病毒与相应抗体结合后失去感染能力对病毒进行检测。中和试验分为固定血清的稀释度而将病毒作连续稀释检测法和固定病毒滴度而将血清作连续稀释检测法。中和试验法的优点是具有较高的特异性，可定性病毒属也可定性病毒的型，利用同一病毒的不同型的毒株或不同型标准血清，即可测定相应血清或病毒的型。其缺点在于方法复杂，耗时长；需消耗较多的动物、鸡胚；准确性受病毒的完整性、感染对象的敏感性等因素影响，且不能检测已失去感染性的病毒。

### 4.1.2.5 噬斑 / 空斑中和试验法

病毒噬斑试验是一种用于定量检测感染性病毒颗粒的生物学方法。在此试验中，病毒接种物被梯度稀释并接种于贴壁细胞的单层细胞。覆盖琼脂凝胶或甲基纤维素等半固体培养基，使病毒的复制限制在一定范围的细胞数内。然后将试验的细胞孵育数天，如覆盖物为预添加酚红的琼脂凝胶，则可直接观察蚀斑，而使用甲基纤维素等半固体培养基的，则可观察到细胞病变时，对细胞进行染色，病毒浸染的细胞经冲洗脱落形成蚀斑。样品中的感染颗粒数量则可以由样本稀释因子和产生细胞蚀斑数来计算。理论上一个蚀斑是由最初样品中的一个病毒粒子感染细胞所形成。空斑试验法无需专门资源，并且直接测量感染性病毒颗粒数，是被广泛接受的病毒定量"金标准"。病毒蚀斑试验法的缺点在于耗时较长，且仅适用于能够对细胞造成细胞毒性作用的病毒；不同人员之间存在空斑结果的判读差异。

### 4.1.2.6 50% 终点法

50% 终点（50% endpoint）法是通过将病毒液进行连续稀释后接种至敏感动物、鸡胚或细胞，能够导致 50% 的动物、鸡胚死亡或组织、细胞病变效应的终点稀释度。$LD_{50}$ 是 50% 动物、鸡胚致死的病毒含量；$CCID_{50}$ 是 50% 细胞产生病变效应的病毒剂量。50% 终点法结果的计算可采用 Reed–Muench 法或 Karber 法。50% 终点法是基于泊松分布的统计学原理，所得数据可信、稳定。该方法的缺点在于耗时长，手动操作多，敏感性差。

### 4.1.2.7 酶联免疫吸附法（ELISA）

ELISA 法是抗原或抗体吸附固相载体表面，并保持其免疫活性，抗原或抗体与酶结合物形成酶标抗原或抗体，仍然保持其免疫活性和酶催化活性。测定时，待测的抗体或抗原和酶标抗原或抗体按一定的步骤与固相抗原或抗体反应。用洗涤的方法，将固相载体上的抗原抗体复合物与其他非特异性物质分开；加入酶的底物，酶催化底物生成有色产物，有色产物的量与样品中待测抗体或抗原的量呈一定比例，通过定性或定量测定有色产物量，即可确定样品中待测物质是否含有目标抗原或抗体，定量检测还可以测定出一定量级的含量

### 4.1.2.8 核酸检测技术（NAT）

核酸检测技术（NAT）是直接检测病原体核酸的一系列技术的总称。目前用于血液筛查的经血源传播病毒的核酸检测技术主要是聚合酶链式反应（Polymerase Chain Reaction，PCR）和转录介导的扩增技术（Transcription-Mediated Amplification，TMA）。

PCR 方法是一种体外模拟自然 DNA 复制过程的核酸扩增技术，具有灵敏度高、简便、快捷、特异性好等优势。其基本原理为：PCR 是 DNA 片段或 RNA 经反转录成 cDNA 后的特异性体外扩增的过程。反应体系以 DNA 或 cDNA 为模板，由特异性引物的引导，反应体系中的 dNTP 在 DNA 聚合酶的催化下，经高温变性、低温退火、适温延伸等 3 步反应循环进行，使目的 DNA 得以指数级扩增，其扩增产物可通过多种特异性和敏感性好的方法

进行分析。

TMA 是一种利用逆转录酶、RNA 酶 H 和 RNA 聚合酶的共同作用,在等温条件下扩增 RNA 或 DNA 的反应体系,其基本原理为:目标序列在逆转录酶作用下,以引物为引导进行逆转录,RNA 酶 H 将杂合链上的 RNA 降解后,形成转录复合体,并在 RNA 聚合酶作用下,转录成大量目标 RNA 序列,且转录形成的 RNA 又可以作为下一个循环的模板。

### 4.1.2.9 实时荧光定量法(qPCR)

实时荧光定量 PCR(real-time fluorescent quantitative PCR,qPCR)方法以其操作简便、快速、高通量、高灵敏度、高重复性和高特异等优点已经被广泛应用于生物制品的一些领域(核酸拷贝数检测与病毒检测),其检测结果与传统的电子显微镜法和动物体内接种法相比,对相同的检查目标,qPCR 法具有很好的可比性,具有更短的检测周期。这项技术能够确定各种样品中目标核酸序列的绝对或相对数量。其原理是在 PCR 反应体系中引入一种荧光基团,随着 PCR 反应的进行,使荧光信号强度也同比例增加,最后通过标准曲线对待测模板进行定量分析。根据 qPCR 的化学发光原理可以分为两大类:一类是与双链 DNA 结合的染料类,即通过荧光染料来指示扩增产物的增加,比较常用的染料如 SYBR Green Ⅰ;另一类为探针类,是利用与靶序列特异杂交的探针或引物来指示扩增产物的增加,比较常用的探针如 taqman 探针,FRET 探针及分子信标。

## 4.2 病毒检测要求

本节以工程细胞来源治疗用生物制品和组织或体液来源治疗用生物制品为例介绍治疗用生物制品病毒检测要求。这两类治疗用生物制品在病毒安全及病毒检测要求方面具有一定的代表性和可参考性。

### 4.2.1 细胞基质的病毒检测要求

《中国药典》2020 年版在《生物制品生产检定用动物细胞基质制备及质量控制》中对生物制品生产用细胞作出明确的规定，应注意检查细胞系 / 株中是否有来源物种中潜在的可传染的病毒，以及由于使用的原材料或操作带入的外源性病毒。细胞库建立后应至少对 MCB 细胞及 EOPC 进行一次全面检定，当生产工艺发生改变时，应重新对 EOPC 进行检测。每次从 MCB 建立一个新的 WCB，均应按规定项目进行检定。细胞检定中的内、外源病毒污染项目要求见表 4-3。

细胞进行病毒检查的种类及方法，须根据细胞的种属来源、组织来源、细胞特性、传代历史、培养方法及过程等确定。如MCB 进行了全面检定，WCB 需检测的外源病毒种类可主要考虑从 MCB 到 WCB 传代过程中可能引入的病毒，而仅存在于 MCB建库前的病毒可不再重复检测。

表4-3 细胞检定中内、外源病毒污染项目要求

| 检测项目 | MCB | WCB | EOPC |
|---|---|---|---|
| 细胞形态观察及血吸附试验 | + | + | + |
| 体外不同细胞接种培养法 | + | + | + |
| 动物和鸡胚体内接种法 | + | − | + |
| 逆转录病毒检查 | + | − | + |
| 种属特异性病毒检查 | （+） | − | − |
| 牛源性病毒检查 | （+） | （+） | （+） |
| 猪源性病毒检查 | （+） | （+） | （+） |
| 其他特定病毒检查 | （+） | （+） | （+） |

EOPC是指在或超过生产末期时收获的细胞，尽可能取按生产规模制备的生产末期细胞。

"+"为必检项目，"−"为非强制检定项目。

（+）表示需要根据细胞特性、传代历史、培养过程等情况要求的检定项目。

细胞检定中的内、外源病毒污染项目所对应的方法可参见病毒污染筛查和病毒检测方法介绍。此处列出细胞检定对逆转录病毒、种属特异性外源病毒、牛源病毒、猪源病毒检测项的说明。

### 4.2.1.1 逆转录病毒检测

逆转录病毒检测可采用逆转录酶活性测定法、透射电镜检查法、PCR法或其他特异性体外法。

A. 逆转录酶活性测定：采用敏感的方法，如产物增强的逆转录酶活性测定法（PERT或PBRT法），可采用《中国药典》2020年版或其他适宜的方法，但灵敏度不得低于现行方法。因细胞中某些成分也具有逆转录酶活性，应

对逆转录酶阳性的细胞进一步确认是否存在感染性逆转录病毒。

B. 透射电镜检查法：取至少 $1 \times 10^7$ 个活细胞采用超薄切片法进行透射电镜观察。

C. RT–qPCR 法：已经发展成为可替代电镜法的逆转录病毒定量方法，检测结果与电镜法有很好的相关性，检测周期更短，方法稳健性更高。

D. 其他特异性体外法：根据细胞的种属特异性，在逆转录酶活性结果不明确或不能采用逆转录酶活性测定时，可采用种属特异性的逆转录病毒检测法，如免疫荧光法、ELISA 法等，逆转录病毒的定量 PCR 法还可用于逆转录病毒颗粒的定量。

E. 感染性试验：将待检细胞感染逆转录病毒敏感细胞，培养后检测。根据待检细胞的种属来源，须使用不同或多种的敏感细胞进行逆转录病毒感染性试验。

不同的方法具有不同的检测特性，逆转录酶活性提示可能有逆转录病毒存在，透射电镜检查及特异性 PCR 法可证明是否有病毒性颗粒存在并进行定量，感染性试验可证明是否有感染性的逆转录病毒颗粒存在，因此应采用不同的方法联合检测。若细胞逆转录酶活性检测为阳性，则需进行透射电镜检查或 PCR 法及感染性试验，以确证是否存在感染性逆转录病毒颗粒。可产生感染性逆转录病毒颗粒，且下游工艺不能证明病毒被清除的细胞基质不得用于生产。

已知鸡胚成纤维细胞（CEF）或其他禽源性细胞含有逆转录

病毒序列，常可产生缺陷型逆转录病毒颗粒，逆转录酶活性为阳性，对这类细胞进行逆转录病毒检测时，可直接检测细胞基质中是否存在外源性逆转录病毒污染，如禽白血病病毒、禽网状内皮增生症肿瘤病毒、感染性内源性逆转录病毒。在某些情况下，也可通过监测鸡群，以保证无上述感染性逆转录病毒污染。

小鼠及其他啮齿类动物来源的细胞系含有逆转录病毒基因序列，可能会表达内源性逆转录病毒颗粒，因此，对于这类细胞系，应进行感染性试验，以确定所表达的逆转录病毒是否具有感染性。对于特定啮齿类动物来源的细胞（如 CHO、BHK21、NS0 和 Sp2/0），还应确定其收获液中病毒颗粒的量及其是否有感染性逆转录病毒，并应在生产工艺中增加病毒灭活 / 去除步骤。只有高度纯化且可证明终产品中逆转录病毒被清除至低于现行检测方法的检测限以下时，方可使用这类细胞。

### 4.2.1.2 种属特异性外源病毒因子的检测

A. 应根据细胞系 / 株种属来源、组织来源及供体健康状况等确定检测病毒的种类。若在 MCB 或 WCB 中未检测到种属特异性病毒，后续过程中不再进行重复检测。

B. 鼠源的细胞系：可采用小鼠、大鼠和仓鼠抗体产生试验（MAP、RAP 及 HAP）检测其种属特异性病毒。

C. 人源的细胞系 / 株：应考虑检测如人 EB 病毒、人巨细胞病毒（HCMV）、人逆转录病毒（HIV–1/2、HTLV–1/2）、人肝炎病毒（HAV、HBV、HCV）、人细小病毒 B19、人乳头瘤病毒、人多瘤病毒、难培养的人腺病毒和人疱疹

病毒 –6/7/8 等。

D. 猴源细胞系 / 株：应考虑检测猴多瘤病毒（如 SV40）、猴免疫缺陷病毒（SIV）等。

E. 这类病毒的检测可采用适当的体外检测技术，如分子生物学检测技术，但所用方法应具有足够的灵敏度，以保证制品的安全。

### 4.2.1.3 牛源性病毒检测

若在生产者建库之前，细胞基质在建立或传代历史中使用了牛血清，则所建立的 MCB 或 WCB 和（或）EOPC 至少应按照《中国药典》2020 年版（通则 3604）的要求检测牛源性病毒。取待检细胞用培养上清液制备成至少相当于 $10^7$ 个活细胞 /ml 的裂解物，进行检测。如果在后续生产过程中不再使用牛血清，且 MCB 和（或）EOPC 检测显示无牛源性病毒污染，则后续工艺中可不再重复进行此项检测。

### 4.2.1.4 猪源性病毒的检测

如果在生产者建细胞库之前，细胞基质在建立或传代历史中使用了猪源性胰蛋白酶，则所建立的 MCB 或 WCB 和（或）超过生产限定水平的细胞应检测与胰蛋白酶来源动物相关的外源性病毒，包括猪细小病毒或牛细小病毒。如在后续生产过程中不再使用猪源性胰蛋白酶，且 MCB 和（或）EOPC 检测结果显示无相关动物源性病毒污染，则后续工艺中可不再重复进行此项检测。如使用重组胰蛋白酶，应根据胰蛋白酶生产工艺可能引入的外源性病毒评估需要检测的病毒种类及方法。

### 4.2.1.5 其他特定病毒的检测

根据细胞的特性、传代历史或培养工艺等确定检测病毒的种类。有些细胞仅对某些特定病毒易感，采用上述检测方法无法检出，因此需要采用特定的方法检测，如对 CHO 细胞进行鼠细小病毒污染的检测等。

### 4.2.2 由鼠源性杂交瘤生产单克隆抗体潜在病毒污染的检测要求

鼠源性单克隆抗体制品存在潜在病毒污染的风险较高，《中国药典》2020 年版（通则 3602）《实验动物微生物学检测要求》已列出了不同风险等级的病毒，如出血热病毒、淋巴细胞脉络丛脑膜炎病毒、Ⅲ型呼肠孤病毒、仙台病毒、脱脚病病毒、小鼠腺病毒、小鼠肺炎病毒、逆转录病毒等。其中，前 4 种病毒属Ⅰ组，具有感染人与灵长类动物的能力；后 4 种属Ⅱ组，为目前尚无迹象表明感染人风险的病毒，但能在体外培养的人、猿和猴源性细胞中进行复制，对人类具有潜在危险性，这些病毒应作为重点进行检测。《中国药典》2020 年版（通则 3303）《鼠源性病毒检查法》要求通过细胞试验、动物抗体产生试验、鸡胚感染试验等检测具有感染性的活病毒或抗原及病毒抗体，以排除鼠源性病毒的污染。

表 4-4 列举了单克隆抗体类制品的临床前及临床试验阶段需要检测的病毒种类和推荐的检查方法。

表 4-4　单克隆抗体类制品在临床前及临床期研究阶段的病毒检测项目举例

| 检测项目 | | 研究开发阶段 | 临床研究阶段 |
| --- | --- | --- | --- |
| 主项 | 子项 | 是否做（√） | 是否做（√） |
| 外源病毒检查－体外法 | 细胞培养直接观察 | √ | √ |
| 外源病毒检查－体外法－不同细胞传代培养检查 | 猴源 Vero 细胞 | √ | √ |
| | 人源 MRC-5 细胞 | √ | √ |
| | 同种属同组织类型细胞 CHO-K1 | √ | √ |
| 外源病毒检查－体外法－不同细胞传代培养检查红细胞吸附试验 | 猴源 Vero 细胞 | √ | √ |
| | 人源 MRC-5 细胞 | √ | √ |
| | 同种属同组织类型细胞 CHO-K1 | √ | √ |
| 外源病毒检查－体外法－不同细胞传代培养检查红细胞凝集试验 | 猴源 Vero 细胞 | √ | √ |
| | 人源 MRC-5 细胞 | √ | √ |
| | 同种属同组织类型细胞 CHO-K1 | √ | √ |
| 外源病毒检查－体内法－鸡胚接种 | 5~6 日龄鸡胚存活率 % | √ | √ |
| | 9~11 日龄鸡胚尿囊液红细胞凝集试验 | √ | √ |
| 外源病毒检查－体内法－动物体内接种 | 乳鼠存活率 % | √ | √ |
| | 成鼠存活率 % | √ | √ |
| | 豚鼠 | √ | √ |
| | 家兔 | √ | √ |
| 逆转录病毒检查 | 逆转录酶活性检测 TM-PERT 法 | √ | √ |
| | 透射电镜法 | √ | √ |

| 检测项目 | | 研究开发阶段 | 临床研究阶段 |
|---|---|---|---|
| 主项 | 子项 | 是否做（√） | 是否做（√） |
| 逆转录病毒检查感染试验 | 样品初种培养细胞病变观察 | √ | √ |
| | 样品初种培养逆转录酶活性检测 | √ | √ |
| | 样品盲传三代培养细胞病变观察 | √ | √ |
| | 样品盲传三代培养逆转录酶活性检测 | √ | √ |
| 鼠源病毒检测 | 汉坦病毒 | √ | √ |
| | 呼肠孤病毒Ⅲ型 | √ | √ |
| | 淋巴细胞脉络丛脑膜炎病毒 | √ | √ |
| | 仙台病毒 | √ | √ |
| | 鼠痘病毒 | √ | √ |
| | 鼠腺病毒 | √ | √ |
| | 鼠肺炎病毒 | √ | √ |
| | 鼠白血病病毒 | √ | √ |
| | 鼠细小病毒污染检测 –NB324K 细胞感染试验法 | √ | √ |
| | 鼠细小病毒污染检测 – 荧光定量 PCR 法 | √ | √ |
| 特异性病毒检查 – 牛源性病毒检查 – 不同细胞培养病变观察 | Vero 细胞 | √ | √ |
| | BT 细胞 | √ | √ |
| | MDBK（NBL–1）细胞 | √ | √ |
| 特异性病毒检查 – 牛源性病毒检查 – 不同细胞培养检查红细胞吸附试验 | Vero 细胞 | √ | √ |
| | BT 细胞 | √ | √ |
| | MDBK（NBL–1）细胞 | √ | √ |

| 检测项目 | | 研究开发阶段 | 临床研究阶段 |
|---|---|---|---|
| 主项 | 子项 | 是否做（√） | 是否做（√） |
| 特异性病毒检查 – 牛源性病毒检查 – 荧光抗体检测 | 牛副流感病毒 | √ | √ |
| | 牛腺病毒 | √ | √ |
| | 牛细小病毒 | √ | √ |
| | 牛腹泻病毒 | √ | √ |
| | 呼肠孤病毒 | √ | √ |

A. 体外培养法：取待检细胞及其培养上清液，分别接种至猴源细胞、人源二倍体细胞及同种不同批细胞，每种细胞接种待测细胞样品应至少含有 $10^7$ 个细胞的裂解物，培养 7 天后盲传 1 代，继续培养至少 14 天。每天镜下观察细胞病变，培养结束后取培养物上清，用 0.12%~0.15% 豚鼠和鸡红细胞混合悬液进行红细胞吸附试验。

B. 动物体内接种法：取至少 $10^7$ 个待检细胞，经脑内及腹腔途径分别接种于乳鼠及成鼠，每组接种 10 只。观察至少 21 天，观察动物是否健存，并对出现异常或死亡动物进行组织病理检查。

C. 鸡胚接种法：取至少 $10^7$ 个待检细胞，分别接种于 9~11 日龄鸡胚尿囊腔内及 5~6 日龄鸡胚卵黄囊内，每组接种 10 只。尿囊腔接种组观察 3~4 天后，取尿囊液进行血凝试验。卵黄囊接种组观察 5 天，观察鸡胚是否存活。

D. 组织病理学检查：取接种后表现异常或死亡动物的各主要脏器，采用 HE 染色法进行组织病理学检查。

### 4.2.3 病毒潜在污染程度的评估及需采取的措施

随着科技的快速发展，新的分析检测技术不断应用在外源因子的常规检测和生产用材料的筛查。除了通常采用的电子显微镜检查、体内感染、生物化学、体外检测、聚合酶链式反应等检测法外，新的检测技术，如二代测序（NGS）、微阵法、以及 PCR与质谱结合等分析方法也日益被应用。检测的灵敏度、特异性极大增强，不断有潜在外源因子信号被发现。而对这些检测出的信号如何分析，如何确证为具有感染性的外源因子，对于生物产品，特别是已经上市的产品，如何评估其风险都是需继续考虑的重点。2013 年，WHO 发布了《科学考虑原则：上市疫苗中发现外源因子监管风险评估》( Scientific Principles to Consider:Regulatory Risk Assessment in the Case of Adventitious Agent Finding in a Marketed Vaccine )，其中对于已经上市的疫苗产品一旦检测出外源因子或者外源因子信号，药品监管机构以及制药企业基于风险 / 利益比、成本 / 利益比进行风险评估给出了指导建议。

该指南通过药品生产企业提供给药品监管机构或国家检验机构相关可靠信息，从而进行分析和评估，以帮助监管机构对风险的影响作出科学决策（图 4-2）。

尽管该指南是针对生物制品中疫苗类制品，但对于生物制品外源因子的安全风险评估都具有借鉴意义。一方面随着新检测技术的普及应用，对外源因子检测的要求不断加强，一旦检测出潜在外源因子信号，生产企业以及政府监管机构需要对相关信息进

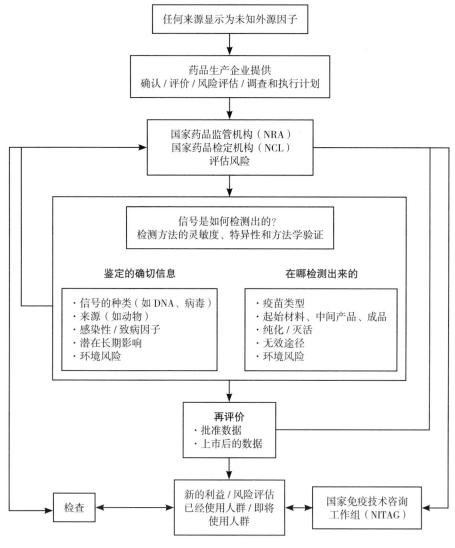

图 4-2　外源因子检测

135

行全面的风险评估，并作出科学决策。这里之所以称其为外源因子信号，是因为新的检测技术与传统检测技术相比，尽管在灵敏度、特异性有了极大提升，但如核酸测序、PCR 等检测结果并不能说明外源因子具有感染性，在一定程度仍需结合传统方法加以证明，如动物法和体外培养法等，从而进一步评估外源因子信号的安全风险。另一方面，生物制品的生产工艺中都应设计有效的病毒清除工艺，一旦检测出新的外源因子信号，也可以参考该指南的风险评估原则，对最终产品的安全风险进行全面的评估和考量。

在 ICH Q5A 中，对细胞和（或）未加工品病毒检测结果给出了建议采纳的行动方案，主要包括工艺评价、病毒清除鉴定和纯品的病毒试验。行动方案中要考虑到各种情况，其中必须用非特异"模型"病毒对病毒清除情况进行鉴定，详见 ICH Q5A 或本指南第二部分。

### 4.2.4 组织或体液来源治疗用生物制品病毒检测方法

#### 4.2.4.1 检测方法

以血液制品为例，《中国药典》2020 年版规定的原料血浆病毒标记物检测方法包括 ELISA 法和 NAT 法。原料血浆病毒标记物检测常用的 ELISA 方法为双抗原（体）夹心法及间接法，HBsAg检测主要采用双抗体夹心法，HCV 抗体检测主要采用间接法、双抗原夹心法，HIV 抗体检测主要采用双抗原夹心法试剂。NAT 核酸检测分为 PCR 法及 TMA 法。目前血液筛查中，PCR 法和 TMA法分别采用实时荧光技术和化学发光对扩增产物进行检测。

#### 4.2.4.2 方法适用性

由于 ELISA 法试剂研制生产是基于个体的血清 / 血浆检测，NAT 法是直接检测病原体核酸（DNA 或 RNA），均适用于单人份原料血浆病毒标记物检测。

用 ELISA 法检测合并血浆病毒标志物时，检测方法及试剂应具有适宜的灵敏度和特异性。推荐使用较低的临界值，以提高实验分析灵敏度，并有助于检测出合并血浆中的单份阳性血浆。合并血浆临界值可通过阴性合并血浆的吸光度值分布来建立，例如定为阴性合并血浆平均 S/CO+3S/D，通常以单人份血浆样品临界值的百分率（%）来表示。合并血浆的临界值应比单人份血浆检测的临界值低，检测结果应为阴性；合并血浆推荐采用经过验证的核酸检测方法检测 HCV RNA，当 HCV RNA 等同于 100IU/ml 的质控物在实验体系中呈现阳性，且合并血浆的结果为阴性，方可判定该批合并血浆 HCV RNA 为阴性。

当 ELISA 法被用于成品检测时，已改变了试剂设计的最初用途。鉴于样品基质的改变及生产过程中使用的辅料可能对检测结果的影响，使用时应对该方法用于成品检测的适用性进行确认。

### 4.2.4.3 检测注意事项

A. 实验室设置：原料血浆检测实验室应当独立设置，并应有原位灭活或消毒的设备。如有空调系统，应当独立设置。

病毒核酸检测实验室除应符合以上要求外，还应符合《医疗机构临床基因扩增管理办法》附录：医疗机构临床基因扩增检验实验室工作导则的相关要求：原则上 NAT 实验室应当设置试剂耗材储存区，样本处理区和扩增检测区；各区域在物理空间上应完全相互独立并通过传递窗连接，各区域无论是在空间上还是在使用中，应当始终处于完全的分隔状态，不能有空气的直接相通；各区域均应设置缓冲区；扩增检验实验室的空气流向可按照试剂耗材储存区→样本处理区→扩增检测区递减的方式进行，防止扩增产物顺空气气流进入扩增前的区域；若有空调系统，扩增检测区应为独立排风的空调系统。

B. 人员：检验人员应经相关检测技术理论、操作培训并考核合格后上岗；应经过生物安全防护，尤其是经过预防经血液传播疾病方面的知识培训；应定期进行理论知识和操作技能的复训，以熟悉新的法规、制度及行业相关技能提升；质量控制及其他相关人员应当接种预防经血液传播疾病的疫苗。

C. 检测设备：原料血浆检测实验室应使用专用检验设备。经评估，对产品质量有直接或间接影响的关键检验设备（器具）应经验证（校准），并在验证（校准）有效期内使用。

D. 检测试剂：血液制品生产企业应使用有产品批准文号的检测试剂进行原料血浆 HBV、HCV、HIV 病毒标记物检测，试剂应按说明书要求条件运输和储存，并在有效期内使用。血液制品生产企业应建立原料血浆病毒标记物检测试剂的内控质量标准，检测试剂应进行入厂质量确认，病毒标记物检测试剂需经质量保证部门放行方可用于原料血浆常规检测。

E. 检测方法验证：原料血浆 ELISA 检测方法和 NAT 检测

方法应采用《中国药典》2020 年版规定的方法，实验室在确定采用方法前应对方法的适用性进行确认，以证明在实际的使用条件下该方法的适用性，并符合《生物制品质量控制分析方法验证技术审评一般原则》的相关要求。ELISA 检测方法的确认应按照《中国药典》2020 年版三部通则和指导原则《分析方法验证指导原则》有关要求，至少应包括：灵敏度（检测限度）、特异性（专属性）、中间精密度和耐受性。NAT 核酸检测方法的确认项目至少应包括：灵敏度（检测限度：混样时 HBV、HCV、HIV 最低检出浓度分别为 500IU/ml、5000IU/ml、5000IU/ml；单人份检测 HCV 和 HIV 最低检出浓度均不大于 100IU/ml。）、特异性（专属性）、耐受性；采用商业化试剂盒检测时，还应根据使用目的，对检测系统的中间精密度、基因型/亚型和突变、防交叉污染（强阳性样本 100 倍灵敏度以下不得引起系统污染）性能进行确认。验证方案应经质量保证部门批准后实施；在按照验证方案进行的验证活动中，所有产生的数据和信息应根据方案的可接收标准进行评估，一旦出现偏离需要进行偏差调查；当检测方法、试剂盒供应商等关键要素发生变更时，需进行分析方法再验证。

## 4.2.4.4 检测操作要点

### A. ELISA 操作要点

a. 样品采集后应于 –20℃以下储存，复融后 2~8℃保存，有效期为 7 天；样本保存时不得加入 NaN$_3$ 等易使酶标失活的防腐剂。

b. 从冷藏环境中取出的试剂盒应平衡至室温后方可使用；不同厂家、不同批号的试剂组分不可混用。

c. 酶标洗板时，洗液应按试剂盒说明书要求配制，每孔必须注满工作浓度洗液以防止因酶污染而出现假阳性。

d. 应严格按照说明书进行 cutoff 值设置及结果判定。

e. 初筛阳性样品需采用相同样品、相同试剂进行双孔复试，双孔均为阴性，判定为阴性；一阴一阳及双孔阳性，判定为阳性。

B. NAT 操作要点

a. 样品采集后应于 –20℃以下储存，复融后 2~8℃保存，有效期应根据验证结果进行确定，以保证待检病毒核酸序列的稳定性。

b. 从样本开盖、样本混合、核酸提取到扩增检测均应采取相应的措施以避免交叉污染的发生；核酸实验室应建立病毒污染的应急处理措施，发生污染时，应及时查找污染源并清除污染后方可重新启用实验室和相关设施、设备。

c. 应记录并管理包括样品采集、样品混合、核酸提取、扩增检测、扩增产物分析及最终结果报告等相关的所有数据和信息。

# 5 病毒灭活 / 去除工艺建立与验证

本章是在掌握治疗用生物制品病毒污染源、病毒检测方法及要求的基础之上，进一步阐述病毒污染风险控制的另一个关键方面，建立有效的病毒灭活 / 去除工艺。本章以单克隆抗体制品作为工程细胞（细菌）来源治疗用生物制品的代表，以血液制品作为组织或体液来源生物制品的代表，概要介绍治疗用生物制品的典型工艺。进而介绍可用于治疗用生物制品病毒灭活 / 去除的工艺技术、工艺建立与验证。

## 5.1 治疗用生物制品典型制造工艺概述

### 5.1.1 单克隆抗体制品制造工艺概述

抗体类治疗用生物制品主要指通过杂交瘤技术、重组 DNA 技术制备的抗体及抗体衍生物，包括完整结构的单克隆抗体、基于抗体结构进行设计的双特异性抗体、ADC 抗体等。作为治疗用药物，单克隆抗体主要应用于肿瘤、自身免疫疾病、器官移植排斥及病毒感染等领域，也可用于肿瘤的导向治疗。抗体生产具有相对成熟的生产工艺流程。

经典工艺流程为：细胞发酵培养结束后，采用深层过滤或连续流离心加深层过滤的方法去除发酵液中的细胞及细胞碎片，获得上清液，进入纯化工艺。整个纯化工艺主要包括 Protein A 亲和色谱、低 pH 病毒灭活、阴 / 阳离子交换色谱（或复合模式色谱）、除病毒过滤、超滤浓缩换液、除菌过滤后即获得抗体原液。

Protein A 亲和色谱利用抗体结构中的 Fc 区域能特异性结合色谱填料偶联配基 Protein A 蛋白，而大部分杂蛋白等杂质流穿的特性来进行色谱分离，最后以低 pH 溶液洗脱柱子，收集粗纯后抗体，从而达到纯化效果。

低 pH 病毒灭活利用在特定低 pH 条件下，抗体质量稳定，但脂包膜病毒会发生变性失活，在恒定 pH 孵育一定时间后达到病毒灭活的作用，同时，HCP、DNA 等杂质也经常会发生沉淀，起到一定的除杂效果。

阴离子交换色谱利用等电点的差异进行分离。病毒、HCP、DNA 等杂质 PI 相对较低，呈酸性，在较高 pH 条件下，杂质与填料结合，而抗体 PI 一般相对较高，呈碱性，直接流穿，从而达到分离去除效果。

阳离子交换色谱同样利用等电点的差异进行区分，一般工艺采用抗体与填料结合，杂质、病毒与填料部分结合，再利用不同离子强度或 pH 进行洗脱、分离目的蛋白，达到去除效果。

除病毒过滤一般采用 20nm 左右规格滤膜进行纳滤，截留病毒颗粒，蛋白流穿，达到病毒去除效果。

某些抗体根据其特性在纯化工艺中也会用到其他原理的色谱

方法，例如疏水色谱、多模式（复合作用填料）色谱，这些方法也可以达到纯度、杂质等控制目标，每个色谱工序对杂质的去除会有不同程度的贡献。

整个下游纯化工艺中，通常低 pH 病毒灭活、阴离子交换色谱、除病毒过滤能起到很好的病毒灭活／去除效果，当然 Protein A 亲和色谱、阳离子交换色谱及其他步骤也有一定的灭活／去除效果。单克隆抗体目前主要为 CHO 细胞生产，存在病毒污染风险，根据现行法规一般原则的要求，通常在纯化工艺中增加"低 pH"或"S/D"病毒灭活和"膜过滤"病毒清除步骤，并进行病毒清除效果验证。

## 5.1.2 血液制品制造工艺概述

### 5.1.2.1 人血白蛋白

血浆蛋白分离纯化的经典方法是由美国的 E.J.Cohn 等开发的 Cohn 低温乙醇工艺，以及在其基础上发展的改良工艺（如 Cohn6 法，6+9 法和 Kistler–Nitschmann 法），即通过不断调整加入到血浆中的乙醇比例并调整 pH，使人血白蛋白与杂质分别存在于上清或沉淀，从而进行纯化。近些年来越来越多的尝试采用色谱法分离纯化血浆蛋白，如两种分子筛色谱（Sephadex G–25 和 Sephacryl S–200）和两种离子交换色谱（DEAE–Sepharose FF 和 CM–Sepharose FF），但是普及率较低。生产工艺中可以使用热处理法、巴氏消毒法乙醇沉淀法灭活／去除病毒。

### 5.1.2.2 静注人免疫球蛋白

20 世纪 40 年代，Cohn-Oncley 建立了适合工业化规模分离免疫球蛋白（IgG）的低温乙醇沉淀法分离工艺，被称为 Cohn9 法，其是经典的分离人免疫球蛋白的方法，随着生产工艺的发展也衍生出辛酸、PEG 等其他沉淀方法，同时也加入了色谱的纯化方法，生产工艺中包括低 pH 法、巴氏消毒法和纳米过滤法等灭活 / 去除病毒的方法。

### 5.1.2.3 人凝血因子Ⅷ

人凝血因子Ⅷ产品的制造工艺有着悠久的历史和复杂的演进。至今已有三代工艺。第一代工艺主要包括离心、冷沉淀、重悬、氢氧化铝凝胶吸附、离心过滤、除菌、灌装、冻干。这类产品中并不包含专门的病毒清除工艺。第二代工艺在氢氧化铝吸附之后加入甘氨酸 /PEG 等沉淀法，并增加了热处理步骤，从而增加了产品的病毒安全性。第三代工艺抛弃了原有的甘氨酸沉淀工艺和 PEG 沉淀工艺，直接在氢氧化铝凝胶吸附之后采用色谱工艺分离凝血因子Ⅷ。最常用的色谱工艺是阴离子交换色谱，也有个别产品采用分子筛色谱或者肝素亲和色谱等技术。与色谱技术一起引入的，还有 S/D 灭活技术以及纳滤膜除病毒技术。

### 5.1.2.4 人凝血酶原复合物和人凝血因子Ⅸ

人凝血酶原复合物产品（PCC）最经典的生产工艺是使用 DEAE-Sephadex 凝胶纯化，从血浆中捕获凝血因子Ⅱ、Ⅶ、Ⅸ、

Ⅹ等成分，然后进行 S/D 病毒灭活，再进行一次 DEAE-Sephadex 凝胶纯化，获得精制品，经过除菌、灌装、冻干和干热处理，即为成品。工艺中包含 S/D 和干热两种独立的病毒灭活方法。

人凝血因子Ⅸ（FIX）产品，是在 PCC 粗制品（包含 S/D 灭活步骤）的基础上，再经一步或多步色谱工艺纯化制备得到的仅含凝血因子Ⅸ，几乎不含凝血因子Ⅱ、Ⅶ、Ⅹ等成分的高纯凝血因子Ⅸ产品。工艺中可以使用纳米膜过滤法和干热法灭活／去除病毒。

### 5.1.2.5 人纤维蛋白原

人纤维蛋白原（Fg）产品的生产工艺非常多样化。国内最常见的生产工艺是低温乙醇沉淀法：血浆中加入 8% 的低温乙醇，离心收获组分Ⅰ沉淀；组分Ⅰ沉淀溶解后，经过离心、过滤去除不溶物，加入 S/D 试剂进行病毒灭活处理，然后再经两次相同的 8% 乙醇沉淀逐步稀释、去除制品中的 S/D 试剂。沉淀溶解后经过滤、超滤、除醇，除菌灌装、冻干后，最后经干热处理。

### 5.1.2.6 人凝血酶

人凝血酶的生产工艺也是从 PCC 粗制品开始的。首先经过激活剂（如氯化钙、动物组织提取物等）激活后，再通过离子交换色谱的方法进行纯化，生产工艺中包含 S/D 法、纳米膜过滤法和干热法等灭活／去除病毒的方法。

### 5.1.2.7 其他血液制品

其他血液制品还包括：人 α1 抗胰蛋白酶、人抗凝血酶Ⅲ 和 C1 酯酶抑制剂等，一般通过沉淀和色谱的方法进行纯化，生产工艺中包含巴氏消毒法、S/D 法、干热法和纳米膜过滤法来灭活 / 去除病毒。

## 5.2 病毒灭活 / 去除工艺现状概述

本节主要对目前国内外比较常用的病毒灭活 / 去除技术，包括干热处理法、巴氏消毒法、有机溶剂 / 表面活性剂处理（S/D 法）、低 pH 孵育法，以及病毒截留过滤法、色谱法等进行介绍。

### 5.2.1 灭活技术概述

#### 5.2.1.1 干热处理灭活法

A. 技术原理：干热处理病毒灭活方法被广泛应用于凝血因子等冻干制品的病毒灭活。20 世纪 90 年代，采用 80℃、72 小时的处理方法被用来有效灭活 HIV、HCV 和 HBV。随着对非脂包膜病毒 HAV 和 B19 传播的日益关注，在 20 世纪 90 年代中期，另一种采用 100℃、30 分钟的处理方法开始被用于上述制品的病毒灭活。干热处理是在制品冻干后进行的热处理。在大多数情况下是将这类产品分装至最终储存容器后进行的，因此一般不能用于最终产品为水溶液状态的制品。热处理技术可以改变某些病毒复制所必须的分子和结构（蛋白质、核酸），达到病毒灭活的效果。干热灭活法是非特异的病毒灭活法，对脂包膜和部分非脂包膜病毒均可灭活。不同企业生产的产品种类虽然相同，但可能由于生产工艺的差异，仪器设备的不同，导致干热处理对病毒的灭活效果不完全一致。影响病毒灭活效果的因素包括：干燥或真空制品中病毒的稳定性；冻干或灭活病毒使用的仪器设备是否可保障制品冻干和加热时的均一性及一致性；制品最终容器的大小／分装量／冻干曲线和封口形式（真空／充氮／普通）的差异；制品中组分／蛋白质浓度／冻干稳定剂成分和浓度的差异；冻干制品中残余水分。

B. 工艺参数：干热处理的温度通常为 60~100℃，持续时间由 30 分钟到 4 天不等。但一般考虑至少 80℃的干热处理才能灭活肝炎病毒，且细小病毒的灭活条件更加苛刻。因此经典的处理条件为：80℃、72 小时或 100℃、30 分钟。

C. 应用范围：凝血因子及其他冻干产品，如人凝血因子Ⅷ、人凝血因子Ⅸ、人纤维蛋白原、人凝血酶、人凝血酶原复合物、血管性血友病因子（VWF）、人抗凝血酶、人C1 酯酶抑制剂，人 α 抗胰蛋白酶、载脂蛋白 A 等。关于产品中病毒灭活验证效果见表 5-1。

表 5-1 文献报道的干热处理病毒灭活效果

| 制品 | 指示病毒 | 温度 | 时间 | 灭活量 lg |
|------|----------|------|------|-----------|
| 凝血因子Ⅷ | HAV | 80℃ | 72h | ≥ 4.54，水分含量 > 0.8% |
| | | | | 0.12，水分含量 < 0.8% |
| | PPV | 80℃ | 72h | 3.72，水分含量 > 0.8% |
| | | | | 2.5，水分含量 < 0.8% |
| 凝血因子Ⅷ | SIN | 80℃ | 72h | ≥ 7.6 |
| | HIV-1 | | | ≥ 6.4 |
| 中纯凝血因子Ⅷ | B19 | 80℃ | 72h | 有降低但未完全灭活 |
| 高纯凝血因子Ⅶ | SIN | 80℃ | 72h | > 6 |
| 凝血因子Ⅷ和Ⅸ | HAV | 100℃ | 30min | 未检出 |
| | B19 | | | 未完全灭活 |
| 凝血因子Ⅷ | HAV | 100℃ | 30min | > 5.3 |
| | HIV | | | > 6.6 |
| | BVDV | | | > 6.6 |
| | VSV | | | > 5.8 |
| | PRV | | | 5.7 |
| | REO-3 | | | 6.0 |
| | SV40 | | | 对干热处理具有强抗性 |
| | BPV | | | 对干热处理具有强抗性 |

D. 局限性：干热处理一般是以产品在最终容器中的形式灭活病毒，处理后不会引入外源污染，但需对产品的理化性质、效价、水分等属性进行考察，以验证产品对干热的耐受情况。对干热处理有较强抗性的病毒如 B19、PPV等，干热法的病毒灭活效果受产品的水分含量等因素影

响较为显著，干热法的灭活效果并不十分理想。最终产品为液态的情况下，通常不会采用干热处理的方法。

### 5.2.1.2 巴氏消毒法

A. 技术原理：巴氏消毒法是通过将蛋白质溶液在温度为60℃±0.5℃、连续放置至少10小时，使病毒结构的破坏速率远远大于蛋白质结构的破坏速率，由于病毒分子和结构（蛋白质、核酸）变性而无法复制，使病毒失去传染性。巴氏消毒法首先由 Gellis 等应用到白蛋白的生产，即将溶液状态的白蛋白经60℃、10小时加热，HBV、HCV 和 HIV 均可被灭活，临床应用及动物实验无传播病毒性疾病。该方法处理液态血液制品效果非常理想，在有保护稳定剂存在的情况下，原料血浆经60℃加热10小时灭活病毒可有效地清除血液制品中的脂包膜病毒和非包膜病毒，从而获得安全的凝血因子。

B. 工艺参数

理论上：60℃，10小时；实际上：温度控制在60℃±0.5℃，时间为10~11小时。

稳定剂种类和数量的选择是巴氏消毒工艺的一个重要参数，为了最大限度保护血浆蛋白的生物学功能以及避免其聚合，需添加糖类（如蔗糖、海藻糖、甘露醇），多元醇（如山梨醇、甘露醇），氨基酸（甘氨酸、赖氨酸、精氨酸）或枸橼酸盐等稳定剂，稳定剂的量有时为高浓缩的，因此巴氏消毒后，一般采用透析或色谱方法去除稳

*149*

定剂。根据产品的性质不同，添加稳定剂的配方存在差异。稳定剂的配方直接影响巴氏灭活的效果，从而影响产品的质量，表5-2为部分产品巴氏消毒稳定剂的配方。

表5-2　各产品巴氏消毒稳定剂的配方

| 产品名称 | 蔗糖 | 甘氨酸 | 山梨（糖）醇（%） |
|---|---|---|---|
| 抗凝血酶Ⅲ（ATⅢ） | S | S | NA |
| 纤维蛋白原（Fg） | S | – – | NA |
| 凝血因子Ⅸ | + | | NA |
| 凝血因子Ⅷ | S | S | NA |
| 肌注免疫球蛋白（IMIG） | S | S | NA |
| 凝血酶原复合物（PCC） | + | – | NA |
| 血管性血友病因子（VWF） | S | S | NA |
| 静注人免疫球蛋白（IVIG） | NA | NA | 30 |

1. 其他稳定剂如 NaCl、$CaCl_2$、EDTA、枸橼酸盐、肝素、硫酸铵和乙醇等在生产工艺中有明确规定，可以添加保护蛋白。

2. S 表示标准浓度：蔗糖 500g/kg，甘氨酸 2mol/L；+ 表示高于标准；–、– – 表示低于标准；NA 表示不适用。

C. 应用范围

a. 人血白蛋白：巴氏消毒法用于人血白蛋白的病毒灭活已经很成熟，不需要进行巴氏灭活效果验证，但必须对巴氏消毒罐的温控系统进行验证，以满足巴氏消毒的条件。巴氏灭活过程中可以加入临床使用证明是安全的稳定剂（含或不含 N- 乙酰 - 色氨酸的辛酸钠）用于保护成品。人血白蛋白是目前唯一能够在终端进行巴氏消毒处理的血液制品。人血白蛋白的巴氏消毒通常在除菌过滤、产品配制和装瓶密封后进行，有效地避免了任何下游生产可能存在的病毒感染风险。但是生产企业仍需在进行巴氏消毒产品的生产过程中，采取有效措施防止病毒污染和加热导致的蛋白变性。研究表明：辛酸钠的含量和钠离子浓度对人血白蛋白巴氏灭活后的纯度具有显著影响，辛酸钠浓度控制在 0.146mmol/g 蛋白质，钠离子浓度控制在 133~140mmmol/L 或 142~144mmmol/L 时，人血白蛋白巴氏灭活前后的纯度无显著差异。巴氏灭活后继续对制品以 60℃加热 2 小时，待检品的 $pK_a$ 无明显变化；经 62℃或 63℃加热 2 小时后，待检品的 $pK_a$ 明显下降。不同浓度的人血白蛋白，其巴氏灭活效果存在差异，表 5-3 为 4%、5%、20% 和 25% 白蛋白经巴氏灭活后的效果评估情况。

表 5-3　人血白蛋白巴氏灭活效果

| 不同浓度样品 | 指示病毒 | 未检测到病毒时间（h） | 下降单位（LRV） |
|---|---|---|---|
| 4%/5% 人血白蛋白 | 人免疫缺陷病毒 | 2 | ≥ 6.4 |
| | 牛病毒性腹泻病毒 | 6 | ≥ 9.0 |
| | 狂犬病病毒 | 0.5 | ≥ 7.6 |
| | 西尼罗病毒 | ND | ND |
| | 甲型肝炎病毒 | 2 | ≥ 6.9 |
| | 丙型肝炎病毒 | 10 | 1.7 |
| | 鸭型乙型肝炎病毒 | 2 | ≥ 6.6 |
| | 细小病毒 B19 | 1 | ≥ 4.3 |

| 不同浓度样品 | 指示病毒 | 未检测到病毒时间（h） | 下降单位（LRV） |
|---|---|---|---|
| 20% 人血白蛋白 | 人免疫缺陷病毒 | 1 | ≥ 6.7 |
| | 牛病毒性腹泻病毒 | 4 | ≥ 9.1 |
| | 狂犬病病毒 | 1 | ≥ 7.5 |
| | 西尼罗病毒 | ND | ND |
| 20% 人血白蛋白 | 甲型肝炎病毒 | 6 | ≥ 6.9 |
| | 丙型肝炎病毒 | 10 | 1.2 |
| | 鸭型乙型肝炎病毒 | 1 | ≥ 2.8 |
| | 细小病毒 B19 | 1 | ≥ 4.0 |
| 25% 人血白蛋白 | 人免疫缺陷病毒 | 0.5 | ≥ 6.6 |
| | 牛病毒性腹泻病毒 | 2 | ≥ 8.2 |
| | 狂犬病病毒 | 0.5 | ≥ 7.2 |
| | 西尼罗病毒 | 0.5 | ≥ 8.6 |
| | 甲型肝炎病毒 | 4 | ≥ 6.6 |
| | 丙型肝炎病毒 | 10 | 1.7 |
| | 鸭型乙型肝炎病毒 | ND | ND |
| | 细小病毒 B19 | ND | ND |

ND 表示尚未确定。

在 60℃加热时加入 5% 白蛋白溶液中的模型病毒，经过 10 分钟巴氏灭活后，未检出传染性病毒。

b. 其他血液制品（液体制剂）：人血白蛋白之外的其他血液制品在评估巴氏消毒法时，应考虑制品的成分、稳定剂（如氨基酸、蔗糖、枸橼酸盐等）类别、浓度等因素，应对病毒灭活效果进行验证。目前，经巴氏消毒法处理后的凝血因子Ⅷ、抗凝血酶Ⅲ临床使用中未发现传播病毒性疾病的报道。德国 Behring 公司使用巴氏消毒法处理凝血因子Ⅸ浓缩物可达到病毒灭活的效果。在静脉注射用丙种球蛋白溶液中加入木糖醇稳定剂后进行巴氏消毒处理，可有效地清除加入的巨细胞病毒和 Dl 型猴逆转病毒且蛋白的各种性状无改变。德国 Behring 公司在人纤维蛋白原中加入 DNA 病毒（乙型肝炎病毒、巨细胞病毒、单纯疱疹病毒）和 RNA 病毒（人免疫缺陷病毒、肉瘤病毒、麻疹病毒、腮腺炎病毒、风疹病毒、脊髓灰质炎病毒）并进行巴氏消毒处理，可对上述病毒进行有效灭活。另外，有文献报道，巴氏消毒法用于 a- 巨球蛋白、a- 抗胰蛋白酶等制品证明病毒清除有效，但目前还未应用于上市产品的生产，其灭活有效性待进一步考察。

D. 局限性：巴氏消毒法作为一种成熟的病毒灭活方法，可有效灭活脂包膜病毒和非包膜病毒，已广泛用于白蛋白、凝血因子、抗凝血剂、蛋白酶抑制剂和免疫球蛋白等血液制品的病毒灭活工艺，其受限于血浆蛋白的热不稳定性，也存在一定局限性，主要体现在以下方面：热处理可能导致蛋白质结构改变、功能损失、活性降低等；添加蛋白稳定剂可提高蛋白质的稳定性，但会影响病毒灭活能力；细小病毒 B19 具有耐热性，影响巴氏消毒法灭活效果。

### 5.2.1.3 有机溶剂／表面活性剂（S/D）法

A. 技术原理：在有机溶剂／表面活性剂（S/D）法开发以前，人们发现甲型肝炎病毒能通过消化道传播，而乙型肝炎病毒通常不能通过消化道传播，但是胆汁分泌障碍的人通过消化道传播乙型肝炎病毒的概率较高。研究发现，这和胆汁能溶解乙型肝炎病毒的脂包膜有关。根据以上原理，通过研究和临床观察发现，使用聚山梨酯80这类的非离子型表面活性剂（表面活性剂）和磷酸三丁酯（有机溶剂）能够有效破坏这类病毒的脂包膜，从而使其丧失感染性，并且对蛋白质分子的结构的影响也非常小。但是这种灭活方法仅对脂包膜病毒有效，对于非脂包膜病毒无任何效果。

S/D法在20世纪80年代后期开始发展，此方法的基本原理是有机溶剂和非离子表面活性剂的组合能破坏脂包膜病毒的类脂膜，类脂从病毒表面脱落，使病毒失去黏附和感染细胞的能力来达到灭活病毒的效果。有机溶剂常用磷酸三丁酯；非离子型表面活性剂，如聚山梨酯80，有报道也用 Triton 系列表面活性剂，根据欧盟环保 REACH 报告的要求，欧盟禁止在工艺中使用 Triton 类表面活性剂。

采用S/D处理方法，由于加入有机溶剂，可能对蛋白质类制品质量产生影响，如高浓度制品在S/D加入或处理过程中有沉淀形成，所以在工艺开发过程需要确认S/D

处理对制品的纯度、活性方面的影响。

B. 工艺参数：1%±0.3%聚山梨酯80（或Triton X-100），0.3%±0.1%磷酸三丁酯，24℃±1℃，不少于6小时（或4小时）。

血液制品常用病毒灭活条件为24℃下用0.3%磷酸三丁酯加1%聚山梨酯80处理至少6小时，或用0.3%磷酸三丁酯加1%Triton X-100处理至少4小时。

真核细胞表达的抗体、重组蛋白，在20~25℃ 0.3%磷酸三丁酯加1%聚山梨酯80处理大于2小时。

S/D处理前应先用不大于1μm滤器除去蛋白质溶液中可能存在的颗粒（颗粒可能藏匿病毒从而影响病毒灭活效果）。加入S/D后应确保是均一的混合物。在灭活病毒全过程中应将温度控制在规定的范围内。如果在加入S/D后过滤，则须检测过滤后S/D的浓度是否发生变化，如有变化应进行适当调整。

C. 应用范围：S/D法通常具有不易使蛋白质变性、回收率高、操作及设备要求简单等优点，在血液制品、抗体产品、重组蛋白类制品生产中应用广泛。

a. 凝血因子类产品：S/D法引入了较高浓度的有机溶剂和表面活性剂，而这些成分均具有一定的毒性，需要在后续的纯化工艺中将S/D试剂清除，并保证较低的残留浓度（聚山梨酯80不超过100mg/L，磷酸三丁酯不超过10mg/L）。多种凝血因子在血浆中都属于含量较低的微量蛋白成分，其纯化工艺都会使用到色谱工艺，目标蛋白质被色谱填料捕获，料液中加入的 S/D 试剂则流穿色谱柱，后续的洗涤步骤也很容易将 S/D 试剂的残留降低到远低于残留限的水平。因此，S/D 病毒灭活法在凝血因子类产品的生产中应用广泛，如人凝血因子Ⅷ、人凝血酶原复合物、人凝血因子Ⅸ、人凝血酶、人纤维蛋白原等产品。

b. 静脉注射丙种球蛋白（IVIG）：使用色谱工艺生产的 IVIG 产品（主要是指阳离子交换色谱）如 GAMMAGARD S/D（Baxalta），才会采用 S/D 法作为其病毒灭活工艺，其主要限制仍是 S/D 试剂的去除难题。对于 IVIG 产品来说，IgG 的等电点在 8.0 附近，较容易带上正电荷，因此通常采用阳离子交换色谱捕获 IgG 分子，使 S/D 试剂流穿。

c. 抗体产品、重组蛋白类制品：在某些抗体产品、重组蛋白类制品不耐受低 pH 处理时，S/D 处理是优先考虑的方法，通常会在亲和色谱后采用。在细胞培养工艺的抗体产品、重组蛋白类制品病毒验证研究中，发现磷酸三丁酯 / 聚山梨酯 80 处理 15 分钟，异嗜性小鼠白血病病毒滴度即可下降 4 lg。

D. 局限性：S/D 法只能灭活脂包膜病毒，如乙型肝炎病毒、人免疫缺陷病毒、丙型肝炎病毒等，对于非脂包膜病毒无效，因此 S/D 法需要与其他病毒灭活 / 去除方法配合使用。人体含量相对较低的血浆蛋白制品都比较适合采用 S/D 法。但是 IgG 是一种在血浆含量较高的蛋白质（8~12g/L），为达到控制 S/D 试剂残留的目的，因此捕获法注定是一种色谱规模非常巨大而成本高昂的生产工艺。

### 5.2.1.4 低 pH 孵育法

A. 技术原理：低 pH 孵育法是重组蛋白药物纯化工艺中常用的关键步骤，其利用有脂包膜类病毒的囊膜和病毒衣壳蛋白在低 pH 条件下会逐渐变性而使病毒颗粒失去感染能力，从而达到病毒灭活效果。该方法操作过程简单、病毒灭活效果好，但低 pH 环境容易使很多重组蛋白不稳定，产生聚体、降解等质量问题，相比较而言，抗体类免疫球蛋白则在低 pH 环境下普遍表现更加稳定，成为工艺中常用步骤。工艺中的低 pH（如 pH 3.64）处理（有时加胃酶）能灭活几种脂包膜病毒。但本方法对于非脂包膜类病毒作用微弱。除此之外，病毒灭活效果还可能受 pH 值、孵育时间和温度、胃酶含量、蛋白质浓度、溶质含量等因素影响，验证试验应该研究这些参数允许变化的幅度。随着 pH 升高灭活效果降低，随着温度升高灭活效果升高，通常可以达到 5~6 LRV 以上灭活效果。在 pH 3.6 时，异嗜性小鼠白血病病毒可以快速失活，且不受其他因素影响，但是在 pH 3.7、pH 3.8 时，其灭活效果会受多因素干扰，而在样品中含有一定量的精氨酸时可以改善病毒灭活效果，即使在 pH 4.0 的条件下也能有显著的灭活效果，此外加入辛酸或辛酸钠在酸性 pH 条件下也可以增加病毒灭活效果，但需优化加入浓度从而避免辛酸引起的蛋白质沉淀。低 pH 孵育不仅可以灭活脂包膜类病毒，还可以沉淀宿主蛋白（HCP）、DNA 等杂质，对纯化工艺中的杂质去除也起到重要作用。

B. 工艺参数

   a. 抗体产品：低 pH 孵育在重组抗体生产工艺中通常设置为亲和色谱纯化后一步，抗体经低 pH 溶液洗脱收集后，用低 pH 溶液（通常为枸橼酸等酸性溶液）调节至设定的 pH 值进行孵育，如工艺中有胃酸等其他试剂，则按照工艺条件添加。通常孵育的 pH 范围在 pH 3.0~4.0，室温放置时间 30~120 分钟，具体孵育 pH 及时间应经过优化和验证，避免引起产品质量问题，同时保证孵育条件对病毒有足够的灭活效果。孵育结束后再用高 pH 溶液（通常为 Tris 等碱性溶液）回调至设定 pH，根据需要还可进行电导率调节、深层过滤等后续步骤。

   b. 血液制品：以 IVIG 为例，一般用甘氨酸或枸橼酸调至 pH 4.0 左右，20~25℃放置 21 天，低 pH 孵育法可有效灭活大多数无囊膜病毒，但该方法对产品的浓度、处理的温度敏感，在血液制品生产中处理时间较长（一般为 21 天）。

C. 应用范围

   a. 血液制品：主要应用在 IgG 制剂。调整溶液 pH 值在 4 左右，保持在 20~30℃。可以分解多聚体或降低多聚体产生，还有病毒灭活效果。

b. 重组单克隆抗体：为了捕获特异性抗体常使用 Protein A 柱。单克隆抗体在 pH 4 左右的缓冲溶液下洗脱收集，洗脱液调整 pH 以后，保持一段时间进行病毒灭活处理。

D. 局限性：对病毒灭活来说，主要是对脂包膜病毒有效，不同类型的抗体对 pH 耐受不同，例如 IgG4 对于低 pH 耐受较差，容易产生聚体，故在设定孵育 pH 值时需充分测试抗体对于 pH 值、时间耐受的程度，避免病毒灭活 / 去除方法选择不当或工艺参数设置不合理而影响到抗体产品质量。

## 5.2.2 去除技术概述

### 5.2.2.1 色谱技术

159

A. 技术原理及工艺参数：色谱（也称层析）技术是指利用各种组分与固定相亲和力或相互作用方面的差别，实现各种组分的分离。色谱已经成为许多生物制品如蛋白类产品的主要纯化手段，用于捕获蛋白活性药物成分或去除杂质。其分离可以基于不同的原理，常用的有电荷、疏水性、亲和力、分子大小等，相应的色谱技术为离子交换色谱、疏水色谱（和反相色谱）、亲和色谱、尺寸排阻色谱等。研究表明，多种色谱技术对病毒具有去除能力，根据色谱介质和模型病毒的不同，LRV 值也有所不同。其去除水平也依赖于色谱操作参数，如柱床高度、线性流速、缓冲液种类、pH、温度、蛋白浓度、杂质、无机盐类等，以及色谱模式（吸附洗脱或流穿）。如果可以从机制上阐明病毒去除机制，就可以合理选择关键参数以保证足够的去除率。

a. 离子交换色谱：离子交换色谱（IEX）是基于生物分子所带静电荷的不同而进行分离的，是应用最广泛的一种色谱技术。带电荷的生物分子与带相反电荷的固定相之间发生静电吸附，蛋白质的表面电荷与pH和等电点有关。吸附在固定相上的生物分子，可通过改变流动相的电导或pH进行洗脱。由于电荷种类和密度的不同，结合牢固程度不同，洗脱条件也不同，从而使不同组分得以分离。离子交换色谱分为两类：①阴离子交换色谱（AEX），固定相带正电荷，与带负电荷的蛋白质结合；②阳离子交换色谱（CEX），固定相带负电荷，与带正电荷的蛋白质结合。

常用阴离子交换配基有季铵盐基乙基（Q，强阴）、二乙氨乙基（DEAE，弱阴），常用的阳离子交换配基有磺酸基（S，强阳）、羧甲基（CM，弱阳）等。市场上不同供应商可提供种类繁多的IEX制备树脂，这些树脂在官能团化学结构、基球骨架、传质性能等方面各有差异。一般研究人员会在一定pH范围内对几种树脂进行筛选，以确定具有合适载量和选择性的树脂。

离子交换工艺的关键参数主要为配基的类型和密度、上样、冲洗、洗脱的pH和离子强度，以及蛋白质上样量，其他参数还有流速、柱床高度和温度等。

大多病毒等电点偏酸性，在中性条件下带负电荷，可以结合阴离子交换介质。如在中性、低电导率缓冲液中进行的流穿模式阴离子交换色谱中，带负电荷的病毒可以被介质吸附，而带正电荷的单克隆抗体则可以直接流穿，这种色谱模式称为流穿模式；在酸性、低电导率缓冲液中，采用阳离子交换色谱可以吸附单克隆抗体（mAb），而使病毒流穿，此为吸附洗脱模式。

除了传统的离子交换介质外，还有多种复合模式（mixed-mode）的介质，这些介质同时具有离子交换配基和其他吸附特性（如疏水性、氢键结合、芳香族相互作用等）的配基。复合模式的色谱介质的关键工艺参数，在特定 pH 条件下，可以参考离子交换介质，同时要兼顾介质的其他性能对料液分子的作用。复合模式介质，对样本中杂质蛋白、病毒颗粒往往具有很好的吸附效果，常以流穿模式应用于纯化工艺中。

b. 疏水色谱和反相色谱：在疏水色谱（HIC）和反相色谱（RPC）中蛋白表面的疏水基团和固定相的疏水配基相互作用，不同分子基于疏水性的差异而分离。RPC 和 HIC 的差异在于凝胶上的配基密度和总体疏水性。RPC 上的配基密度显著高于 HIC，因而对蛋白质有更强的结合能力，这种结合通常需要剧烈的洗脱条件，比如使用非极性的有机溶剂。HIC 凝胶相对于 RPC 凝胶亲水性更好，可以使用较温和的极性或水相缓冲液作为洗脱条件。由于大多数蛋白质在有机溶剂中容易变性失活，所以制备型蛋白分离过程中，HIC 应用更广。

在 RPC 和 HIC 工艺中需要评估的参数主要有配基类型和密度、流动相组成、pH 和温度，其他参数包括流速、柱床高度等。大多数蛋白质（除了疏水性极强的）的加样缓冲液中需要添加一定量的盐离子［如 $(NH_4)_2SO_4$、NaCl 等］以增强其与 HIC 柱的结合。通常，流动相盐浓度的下降会对洗脱产生影响，有时疏水性竞争物质如乙二醇的应用也会对洗脱产生影响。尽管 HIC 是基于蛋白质的疏水作用，不涉及电荷相互作用，但流动相 pH 的变化能够引起蛋白质结构变化，并能改变蛋白质表面输水区域附近的电荷区域，从而可能对 HIC 的保留和选择性产生显著影响。

病毒的分子量较抗体蛋白大，疏水性强于抗体，因此在某些条件下，疏水色谱可起到病毒去除作用。

c. 亲和色谱：亲和色谱（AC）是利用固定化配基与目标分子发生特异性可逆的相互作用的方法。亲和色谱最大的优势是其可在一步色谱实现非常高的纯化效果。其原因是亲和配基与目标生物分子之间的结合相对于其他杂质具有高度特异性。考虑到生物分子及其配基的固有多样性，亲和色谱技术几乎具有无限的多样性。目前仅有部分亲和色谱应用于大规模的蛋白质分离。比如 Protein A 亲和色谱，因其对抗体的高度特异性、高收率、高纯度以及稳健的工艺操作范围，广泛应用于单克隆抗体（mAb）产品的生产中。Protein A 介质可以与抗体特异性结合，而其他杂质包括病毒不能与 Protein A 结合从而实现分离。加样时会发生少量的非特异性黏附，可以在洗脱时改变 pH 以去除产品中的痕量病毒。

Protein A 亲和色谱需要评估的工艺参数包括蛋白上样量、流速、缓冲液组成、柱床高度、冲洗和洗脱条件等，因为其工艺相对稳健，在其他参数如上样 pH、离子强度、流速和柱床高度等可以在较宽泛的范围内测试。

d. 尺寸排阻色谱：分子排阻色谱（SEC）是基于生物分子大小不同进行分离的。生物分子通过多孔网状结构的固定相时，大分子从介质颗粒外部通过，保留时间短，而较小的分子可进一步渗透到介质的多孔网状结构内部，所以迟于大分子洗脱。病毒颗粒较大，在 SEC 时先流出，而小分子的蛋白质后流出，从而实现分离。由于样品不与 SEC 介质结合，所以上样量被高度限制（通常＜ 5% 柱体积），同时 SEC 分辨率较低，速度慢，所以 SEC 在生产规模蛋白质分离中的应用受到限制。部分病毒类疫苗产品，仍采用 SEC 法对病毒进行纯化。尺寸排阻色谱首先需要选择合适孔径的色谱介质，柱床高度和上样量对不同成分的分离度影响较大。

e. 膜色谱：传统色谱多采用具有较高内部表面积的多孔树脂作为介质。由于树脂内部微孔孔径相对于病毒粒径来说较小，病毒颗粒等不能有效扩散入树脂微孔内部，而只能结合在介质颗粒表面，从而导致动态结合载量较低。膜色谱产品采用和传统色谱树脂相同的配基，具有相同的作用机制，但色谱膜具有较大的孔径（> 3μm），生物大分子可通过对流作用进行质量传递，不受扩散限制，从而可以实现高流速下的高结合效率（表5-4）。有文献报道，采用阴离子交换膜色谱对病毒的去除有非常好的效果。2001年，美国FDA批准了以膜色谱作为纯化工艺的生物制品，其在新的药物生产工艺中的应用越来越广泛。

表5-4　膜色谱病毒去除效果

| 病毒 | 脂包膜病毒 | LRV（批次1） | LRV（批次2） | 病毒回收率（%） |
|------|-----------|-------------|-------------|---------------|
| MVM | 否 | ≥ 6.03 ± 0.21 | ≥ 6.03 ± 0.20 | 100 |
| REO-3 | 否 | ≥ 7.00 ± 0.31 | ≥ 6.94 ± 0.24 | 100 |
| MuLV | 是 | ≥ 5.35 ± 0.23 | ≥ 5.52 ± 0.27 | > 70 |
| PRV | 是 | ≥ 5.58 ± 0.28 | ≥ 5.58 ± 0.22 | 100 |

B. 应用范围：目前用作病毒去除工艺的色谱技术主要为Protein A、阴离子交换色谱和阳离子交换色谱。

Protein A通常用于单克隆抗体和Fc融合蛋白的第一步捕获，Protein A结合药物蛋白，而病毒随其他培养基成分流穿，Kathryn M.R.研究报道典型的Protein A工艺对异嗜性小鼠白血病病毒（XMuLV）的LRV为2~4，对鼠细小病毒（MVM）的LRV为1~3，其病毒去除效果与所用介质类型、工艺参数、病毒类型等有关。由于 Protein A 介质的稳健性能，FDA 已经不再要求在病毒清除研究中考察该填料的重复使用性能。

离子交换色谱广泛应用于单克隆抗体和重组蛋白等产品的纯化工艺中。其中阴离子交换色谱（Q）是更为有效的病毒去除工艺，普遍用于单克隆抗体（mAb）的生产工艺中。据报道其对异嗜性小鼠白血病病毒的 LRV 平均达到 4.22，对鼠细小病毒的 LRV 平均为 3.25；阳离子色谱去除效果相对差一些，对异嗜性小鼠白血病病毒的 LRV 平均为 2.51，对鼠细小病毒的 LRV 平均只有 0.92。其病毒去除效果与所用介质类型、工艺参数、病毒类型等有关。不同原理的色谱方法在生产中可以作为正交的方法使用。色谱的原始目的是纯化目标分子，但多数情况下，可以通过优化参数，使其成为降低病毒污染风险的有效方法。

C. 局限性：色谱法除病毒对工艺参数要求较高，任何工艺参数的改变都可能导致 LRV 的改变。对不同类型的病毒，其 LRV 差异较大，需要分别考量。很难应用模块化的思路进行外推验证。另外，色谱法适用于与病毒在带电性质、亲和力等方面有较大差异的产品，如单克隆抗体。对于与病毒带电性质接近的产品，病毒和产品成分可能分离度较差，需要研究合适的工艺以平衡病毒去除率和产品收率。另外，对于重复使用的色谱树脂，多次清洗和污染可能损害其病毒去除能力。

### 5.2.2.2 膜过滤技术

A. 技术原理：膜过滤技术主要是依据纳米级别孔径的膜对病毒颗粒的物理拦截作用而实现病毒去除的，除病毒膜过滤器通常含有纳米孔径的高分子聚合膜，它主要依靠分子大小拦截作用：在过滤时，大于膜孔径的物质（如病毒颗粒）被滤膜截留；而小于膜孔径的蛋白，可通过膜孔至滤膜下游。此外还有吸附机制，部分小于膜孔径的物质也可能通过吸附作用（如静电吸附、范德华力、氢键等）而被吸附在膜表面或膜孔内部，目前市场上应用最多的是标称孔径为 20nm 的除病毒滤器，能拦截 20nm 左右的细小病毒（MVM），同时对其他病毒均有截留去除效果。此外也有制造商提供 35~50nm 孔径的内源病毒（逆转录病毒，如 MuLV）截留滤膜，对内源病毒有很好的截留效果。

膜过滤技术是基于物理拦截，故其对产品质量影响较小，它与其他病毒灭活技术互为补充，在治疗用生物制品生产中得到了广泛的应用。

与除菌过滤膜处理同样，在病毒去除膜处理之后，应该根据制造商推荐的方法对滤膜进行完整性测试。常用的完整性测试方法有扩散流法、泄露测试法、金胶粒子去除试验等。大部分情况下，病毒去除过滤在生产流程的后期加以实施。

B. 工艺参数

a. 料液性质：蛋白质浓度、离子强度（导电率）、pH、蛋

白质性质（分子量、亲疏水性）

b. 操作：压力（流速）、过滤时间、蛋白质过滤量。压力是除病毒过滤的重要操作参数之一，除病毒过滤压力通常为恒压 2~3Bar。压力过高可能影响病毒截留效果，操作压力的最差工艺条件，由于不同厂家的纳滤膜在截留机制上存在差异，需要结合供应商的病毒挑战实验进行判断。有报告表明，有些滤器在压力波动情况下（如料液过滤完毕，暂停压力，然后用缓冲液继续加压冲洗）可能会造成病毒穿透，影响病毒去除效果。发生这种现象的原因在于暂停压力后，被截留在膜内的病毒粒子会再进行布朗运动，离开膜壁，再次加压后，附近若有粒径较大的滤孔，病毒粒子会有通过而漏出膜外的风险。

过滤时间也是除病毒过滤的重要因素，一般重组蛋白过滤时间在 6 小时以内，血液制品过滤时间在 12 小时内。蛋白质过滤载量通常用体积载量（L/m$^2$）或蛋白质量载量（kg/m$^2$）表示。不同的蛋白质溶液、不同的除病毒滤器，蛋白质载量往往差异较大，所以在工艺开发阶段，需要采用不同的除病毒滤器进行小试载量试验，以初步筛选合适的除病毒滤器以及确定该滤器对于该蛋白质溶液的载量范围。

C. 应用范围

a. 血液制品：人免疫球蛋白、凝血因子Ⅷ，凝血因子Ⅸ，白蛋白，纤维蛋白原，凝血酶，抗凝血酶 vWF 因子等。

b. 重组蛋白：单克隆抗体、酶、干扰素，白细胞介素等。

D. 局限性：膜过滤可以广泛应用在血液制品以及其他生物制品上面，是目前用于病毒灭活／去除技术中最可靠的技术，可有效去除比滤膜标称孔径大的脂包膜病毒和非脂包膜病毒。但在过滤高浓度蛋白（如浓度大于 20mg/ml）或高分子量蛋白（重组Ⅷ因子）或杂质含量较高的蛋白料液时，有可能会出现过滤困难或产品回收率低的情况。此外，该方法经济成本相对较高。

### 5.2.3 小结

各方法工艺参数、应用领域、优势和局限性小结如表 5–5、表 5–6 所示。

表 5–5　病毒灭活方法对比

| 病毒灭活技术 | 工艺参数 | 应用领域 | 优点 | 局限性 |
| --- | --- | --- | --- | --- |
| 干热处理灭活法 | 冻干产品在 60~100 ℃进行 30 分钟至 4 天的热处理 通常：80 ℃／72 小时或 100℃／30 分钟 | 凝血因子及其他冻干类产品 | 对于脂包膜病毒和某些非脂包膜病毒有灭活能力 | 在加热条件下存在蛋白质变性的风险，失活程度取决于温度和处理时间 病毒灭活效果与水分含量有关 |
| 巴氏消毒法 | 在含有蛋白质稳定剂的 60 ℃溶液中热处理 10~11 小时 | 血浆来源的白蛋白、免疫球蛋白、凝血因子、抗凝血酶、α–1–胰蛋白酶 | 对于脂包膜病毒和非脂包膜病毒均有灭活能力 | 在加热条件下存在蛋白质变性的风险 |

| 病毒灭活技术 | 工艺参数 | 应用领域 | 优点 | 局限性 |
|---|---|---|---|---|
| 有机溶剂/表面活性剂（S/D）法 | 用 0.3% 磷酸三丁酯和 1% 去垢剂（如 Tween80）在 20~37℃ 条件下处理 1~6 小时 | 几乎为所有类型的蛋白质 | 对于脂包膜病毒具有稳定的灭活能力 针对大多数蛋白，不易使其变性 | 对非脂包膜病毒无效 后续工艺必须去除 S/D 试剂 |
| 低 pH 孵育法 | 在 pH 3.0~4.0 下孵育 0.5~24 小时，孵育温度为 20~37℃ | 几乎为所有类型的蛋白 | 对于脂包膜病毒具有较好的灭活能力 | 只对部分的非脂包膜病毒的有效 不适用于对低 pH 敏感的产品分子 |

表 5-6　病毒去除方法比较

| 病毒去除技术 | 工艺参数 | 应用领域 | 优点 | 局限性 |
|---|---|---|---|---|
| 膜过滤法 | 使用病毒过滤膜过滤蛋白质溶液 | 几乎为所有类型的蛋白 | 基于尺寸排除，对于脂包膜病毒和非脂包膜病毒均有去除能力 无蛋白变性 | 合适的纳滤膜的孔径和类型取决于目标蛋白的分子量和蛋白料液的情况（需避免快速堵塞） |
| 色谱法 | 利用各种组分与固定相亲和力或相互作用方面的差别，实现组分的分离 | 几乎为所有类型的蛋白 | 不改变现有色谱工艺。不是额外增加的病毒去除工艺 | 不同色谱模式和色谱条件病毒去除效果有差异 去除能力受溶液环境和产品分子影响 |

A. 对血液制品来说，原料血浆来自于人体，对人感染病毒风险高。在技术还不发达时期，使用血液制品而导致

HCV、HIV 病毒感染事件时有发生。为此，相关组织提出采用两种以上不同作用机制的安全对策来确保病毒安全性。另外，对献浆源的筛查，血浆检测，生产过程中的灭活 / 去除，最终制剂等都应进行严格检查。

B. 对重组蛋白制品病毒安全性来说，许多采用 CHO 表达体系，此类蛋白制品所采用的技术方法基本相同。此外，除了灭活 / 去除等精制工艺以外，宿主细胞，培养基成分里也会有病毒风险存在，所以对原料的选择、检查和灭活等关注也十分重要。

C. 此外，对于病毒灭活 / 去除工艺的有效性评价，欧洲和美国通常按病毒灭活 / 去除整体工艺病毒清除率的总和计算。出口到欧美的产品也应按照相应的要求评价整个生产线的可靠性。

## 5.3 病毒灭活 / 去除工艺建立及验证

### 5.3.1 指示病毒的选择

为了测试生产工艺清除病毒的总体能力，供清除研究用的指示病毒应与可能污染产品的病毒尽可能相似，而且要有广泛的理化特性。指示病毒主要分为三类："相关"病毒、特异性"模型"病毒和非特异性"模型"病毒。

A. "相关"病毒是指已被鉴定的病毒或其同种病毒，其可能会污染细胞或生产过程中使用的任何其他试剂或材料的病毒。应证明灭活／去除工艺能灭活／去除此种病毒。

B. 特异性"模型"病毒是与"相关"病毒密切相关（同种或同属），并与其具有类似理化特性的病毒。如果得不到"相关"病毒，或它不太适用于清除病毒的工艺评价研究（如不能离体培养到足够的滴度），应使用特异性"模型"病毒代替。

C. 当研究目的是确定生产工艺灭活／去除病毒的总体能力，即确定方法的可靠性时，应使用具有不同特性的非特异性"模型"病毒进行病毒清除特性研究。其目的是评估制造工艺去除和灭活病毒的能力，即纯化工艺的稳健性。"相关"病毒和特异性"模型"病毒研究数据也有助于工艺评估。一般不需要对所有病毒进行测试，主要针对理化方法处理具有耐受性的病毒，因为这些病毒测试结果是评价生产工艺灭活／去除病毒的总体能力的重要信息。

对于工程细胞（细菌）来源治疗用生物制品，为了测试生产工艺清除病毒的总体能力，供清除评价和工艺鉴定研究用的病毒应与可能污染产品的病毒相似，而且要有广泛的理化特性（表5–7）。

表5–7　工程细胞（细菌）来源治疗用生物制品的指示病毒

| 病毒 | 科属 | 基因组 | 脂包膜 | 大小（nm） | 理化耐受性 |
|---|---|---|---|---|---|
| 水疱性口炎病毒 Vesicular Stomatitis Virus | 弹状病毒 | RNA | 有 | 70~150 | 弱 |

| 病毒 | 科属 | 基因组 | 脂包膜 | 大小（nm） | 理化耐受性 |
|---|---|---|---|---|---|
| 副流感病毒 Parainfluenza Virus | 副黏病毒 | RNA | 有 | 100~200 | 弱 |
| 辛德比斯病毒 Sindbis Virus | 披膜病毒 | RNA | 有 | 60~70 | 弱 |
| BVDV | 黄热病毒 | RNA | 有 | 50~70 | 弱 |
| 小鼠白血病病毒（x-MuLV） | C 型逆转录病毒 | RNA | 有 | 80~100 | 弱 |
| 伪狂犬病病毒（PRV） | 疱疹病毒 | DNA | 有 | 120~200 | 中 |
| 呼肠孤病毒 3 型（REO-3） | 呼肠病毒 | RNA | 无 | 40~60 | 中 |
| I 型脊髓灰质炎 Polio Virus Sabin Type 1 | 微小 RNA 病毒 | RNA | 无 | 25~30 | 中 |
| 脑心肌炎病毒 Encephalomyocarditis Virus（EMC） | 微小 RNA 病毒 | RNA | 无 | 25~30 | 中 |
| SV40 | 乳多空病毒 | DNA | 无 | 40~50 | 高 |
| 细小病毒 Parvoviruses（canine, porcine） | 细小 | DNA | 无 | 18~24 | 高 |

在鼠源细胞系中，小鼠逆转录病毒是最应被关注的病毒之一，因为这些逆转录病毒中的一小部分被证明可能有转染性，尽管目前这些病毒中没有一种被证明能够感染人类细胞系。因此，指示病毒模型通常会包括小鼠逆转录病毒，而小鼠白血病病毒（x-MuLV）是最被认可的特异性"模型"病毒。伪狂犬病病毒是

一种疱疹病毒的模型，和逆转录病毒一样可以潜伏在细胞内，从而逃避检测。呼肠孤病毒 3 型常被用于研究，因为它是人畜共患病，并且对来自不同物种的多种细胞系具有感染性。鼠细小病毒（MVM），一种细小病毒，由于它是一种尺寸极小的、高抗性病毒，对生产工艺的病毒清除能力提出挑战。此外，生产规模下曾多次发生 CHO 细胞污染 MVM 的事件。因此，表 5-8 中列出的模型病毒不仅涵盖了特定的病毒，而且还选择了具有以下特征的病毒：具有单链和双链的 DNA 和 RNA 基因组、脂包膜或非脂包膜、大小尺寸、对物理化学处理的耐受性。

表 5-8　鼠源细胞系制备的生物技术重组产品可选用的指示病毒

| 病毒 | 科属 | 基因组 | 脂包膜 | 大小（nm） | 理化耐受性 |
|---|---|---|---|---|---|
| 小鼠白血病病毒（x-MuLV） | C 型逆转录病毒 | RNA | 有 | 80~100 | 弱 |
| 伪狂犬病病毒（PRV） | 疱疹病毒 | DNA | 有 | 120~200 | 中 |
| 呼肠孤病毒 3 型（REO-3） | 呼肠病毒 | RNA | 无 | 60~80 | 中 |
| 鼠细小病毒（MVM） | 细小病毒 | DNA | 无 | 18~24 | 高 |

对于血液制品，首先应该选择经血液传播的相关病毒（如 HIV），不能用相关病毒的，要选择与其理化性质尽可能相似的指示病毒；其次，所选择的病毒理化性质应具有代表性（病毒大小、核酸类型以及有无包膜），其中至少应包括一种对物理和（或）化学处理有明显耐受性的病毒。在进行病毒灭活／去除验证时，应根据制品的特性及所采用的病毒灭活／去除工艺，参照表 5-9

列举的病毒选择适宜的指示病毒。所选择的指示病毒至少应包括 HIV-1、HBV 和 HCV 模拟病毒以及非脂包膜病毒。水疱性口炎病毒（VSV）耐受的 pH 范围比较广，验证低 pH 孵育法灭活病毒效果时可选用此指示病毒。

表 5-9 例举了代表不同物理化学结构的"模型"病毒以及已用于病毒清除研究的一些病毒。

表 5-9　经血液传播疾病的相关病毒及验证可选用的指示病毒（举例）

| 病毒 | 基因组 | 脂包膜 | 大小( nm ) | 指示病毒举例 |
|---|---|---|---|---|
| HIV | RNA | 有 | 80~100 | HIV |
| HBV | DNA | 有 | 45 | 鸭乙型肝炎病毒 DHBV、伪狂犬病毒 PRV |
| HCV | RNA | 有 | 40~60 | 牛腹泻病毒 BVDV、Sindbis 病毒 SBV |
| HAV | RNA | 无 | 27 | HAV、脊髓灰质炎病毒、脑心肌炎（EMC）病毒 |
| B19 | DNA | 无 | 20 | 犬细小病毒 CPV、猪细小病毒 PPV |

指示病毒选择需考虑的其他问题如下。

a. 尽可能培养出高滴度的病毒，并对病毒进行纯化，以减少对验证试验的干扰。

b. 应有一种有效和可靠的测定方法对要测试的每一道生产工艺中所用的每种病毒进行检测。

c. 有些病毒可能会对从事研究的人员造成健康损害对此应加以重视。

### 5.3.2 实验设计

#### 5.3.2.1 选择合理的病毒清除步骤

病毒清除研究的目的是证明相关工艺能够清除可能存在的内源性逆转录病毒粒子，此外，还应具有清除偶然或未知因素污染病毒的能力。因此，生产工艺中应该包含具有病毒清除能力的步骤，通过对这些步骤加入相应的指示病毒，检测分离或者灭活前后的对数下降值，以此评估病毒清除率。对病毒的总体清除能力是以每一工艺步骤病毒下降对数值之和表示的。但不能将机制相同或几乎相同的方法所获得的对数下降值包含其中。考虑到检测或者统计的误差，将下降较少（如低于 1 lg）的步骤相加，可能会对清除病毒的实际能力估计过高。因此不能将这些病毒清除能力较低的步骤纳入总的病毒清除能力计算中。

决定应该选择哪些步骤进行病毒清除研究时，有几个影响因素需要考虑。一个重要的因素是选择清除效率稳健的步骤。所谓稳健是指可以重复有效地灭活／去除各种潜在的病毒污染物，并可以进行精确的缩小模型实验。如低 pH 灭活、S/D 灭活和纳米过滤等步骤属于这类。而诸如沉淀、离心和吸附机制的深层过滤等步骤，很难按比例精确地缩小模型进行实验，并且有的清除病毒的机制复杂，很难进行重复。另一个考虑因素是，该步骤是否有显著的病毒清除能力。历史研究数据或者监管机构提供的信息有助于对该步骤的识别。另外，从监管的角度，建议包括至少一个病毒灭活步骤（例如：低 pH 或 S/D），以及基于尺寸的机制去除病毒步骤（如纳米过滤），或者一个基于结合（或非结合）机制去除病毒的色谱步骤，是非常可取的。在单克隆抗体纯化过程中，通常对亲和色谱、阴离子交换色谱、阳离子交换色谱、纳米过滤和低 pH 步骤的病毒清除率进行评估。而在某些血液制品中，通常对纳米过滤和低 pH 步骤的病毒清除率进行评估。

### 5.3.2.2 缩小模型实验

病毒清除验证只能是按照生产工艺的缩小模型实验进行。在生产规模上进行病毒清除验证研究是不现实的，因为将传染性病毒引入生产设施既违反 GMP 要求，经济成本上也不可行。因此，为了将病毒清除验证外推到生产规模，必须证明缩小模型实验可以代表整个生产工艺。

A. 纳米过滤主要是基于尺寸拦截的机制去除病毒。尽管生产规模中使用的过滤面积可能是缩小模型实验中使用的过滤面积的上百倍或上千倍，但两个规模中，单位面积的载量（$L/m^2$ 或 $kg/m^2$ 过滤器面积）应保持一致。同时压差、单位膜面积的产品回收冲洗量也应一致。

B. 色谱工艺的缩小模型需要注意实验细节。首先要采用模拟生产工艺的操作条件建立和确认小试模型，小试模型在相同的工艺操作条件下得到产品的关键质量属性以及重要工艺属性等参数和生产规模的结果应该具有高度的等效性。病毒清除工艺验证的小试模型在关键参数及控制条件方面应与实际生产工艺严格保持一致，保证缩小的生产工艺应当尽可能代表实际生产工艺的情况。缩小模型对于色谱设备，色谱柱柱床的高度、线性流速、保留时间、使用的缓冲液和色谱介质类型、样品的 pH、电导、温度、蛋白质浓度、无机盐种类均应能够代表实际生产工艺的规模和条件，确保缩小模型实验代表生产规模的第一步是需要比较色谱图谱中 UV 和电导率曲线。并且还需测量一些产品质量属性，如 pH、纯度、聚集体百分比、HCP 与 DNA 水平以及适用于此步骤的其他产品和工艺相关杂质，并与生产规模的数值进行比较，如果产生了意外的偏差，应对实验结果可能产生的影响给予合理的解释。

a. 在色谱病毒去除工艺的验证中应该至少通过检测加入病毒后的上样样品和收集样品中病毒的含量来评估色谱工艺对病毒的去除能力，同时还可以通过检测色谱过程中各种步骤收集液中病毒，来分析被清除病毒的流向。

b. 在色谱病毒去除工艺的验证中为了考察清洗步骤对色谱介质的清洗效果，还应该在进行病毒挑战验证实验之后，进行不添加病毒的完整批次（Carryover 实验），通过检测收集样品中是否还有残留的病毒来对清洗效果进行评估。

c. 色谱介质在生产过程中长时间、多次使用之后对于病毒去除的效果可能会有变化，因此在色谱病毒去除工艺的验证中不仅要使用新的色谱介质进行验证，也需要对使用过足够次数之后旧的色谱介质进行病毒去除的验证。

C. 通过低 pH 灭活包膜病毒是比较常见的步骤。通常将产品滴定至 pH 4.0 以下，根据产品的稳定性，在室温或者以下孵育 30~120 分钟。短暂暴露于低 pH 可有效灭活大多数脂包膜病毒，但较低 pH 条件下存在目标蛋白聚集失活的风险。低 pH 缩小模型实验的 pH、温度，以及孵育时间、产品浓度、缓冲液组成应与生产规模一致。同时监测产品质量属性，如活性和聚集体含量。

D. S/D 灭活法属于化学灭活方法，关键点是保证 S/D 试剂的浓度及其混匀/分散度，其次是时间和温度控制。向制品中加入的 S/D 试剂母液，其浓度、配比、配制方法和分散状态，以及向制品中的相对流加速度和搅拌混匀的程度，生产规模和缩小规模应当保持一致。如果生产过程中搅拌混匀能力无法与缩小规模实验保持一致，应当增加搅拌时间，并通过多点取样证明最终混匀效果（浓度一致性）达到灭活工艺的要求。考虑到灭活温度和时间的影响，生产规模的制品温度一致性和控温范围，应当在缩小规模试验的控温范围之内。缩小规模的升温时间（对于灭活时间有一定累加作用）不得比生产过程的升温时间更长。

E. 干热法一般用于冻干制品的终产品灭活。因此，验证的干热灭活效果实际上是冻干过程和干热过程累加的灭活效果。如果计算的是累加灭活效果，冻干设备、冻干曲线等影响在缩小规模的时候也应当有所考量。除此之外，冻干过程直接影响到产品的水分、干物质疏松度、晶体形态、瓶间差异等，也会直接影响到传热效果、病毒对热的敏感性等，从而直接影响灭活效果。以上因素中，理论上对病毒灭活效果影响最为显著的因素是产品中的水分含量，一般水分含量越低，病毒越难灭活。因此在验证过程中，应当设定水分含量的下限作为最差工艺条件来考虑。

### 5.3.2.3 最差工艺条件

生产工艺操作参数在一定范围内变化时，对于病毒清除的效果也可能会有差异，因此在进行病毒清除工艺的验证中为了能够覆盖生产工艺操作参数的整个范围，对于一些影响病毒清除效果的关键操作参数可以考虑采用对病毒清除效果最差的操作条件，其他条件需要维持在工艺范围内。《中国药典》2020 年版《生物制品病毒安全性控制》规定：应明确影响病毒清除效果的关键工艺参数及控制范围，并在此基础上建立充分的产品指标工艺的控制策略。

正确识别最差工艺条件，并在这些条件下进行病毒清除验证研究，对于评估病毒清除工艺的稳健性很有必要，而确定这些条件取决于对病毒清除工艺的深入理解，必要时可以通过病毒挑战实验，来确定控制范围与最差工艺条件。

A. 在低 pH 灭活工艺中，高 pH、低温和低暴露时间（均在工艺范围内）组合属于最差工艺条件。

B. 在 S/D 灭活工艺中，最低 S/D 浓度、低暴露时间和低暴露温度（均在工艺范围内）的组合属于最差工艺条件。

C. 在纳米过滤工艺中，最接近滤膜孔径的指示病毒，最大载量属于最差工艺条件。操作压力的最差工艺条件，由于不同厂家的纳滤膜在截留机制上存在差异，需要结合供应商的病毒挑战实验进行判断。最近的研究发现，纳米过滤工艺中，工艺中断的频率和中断的时间也可能增加病毒漏过的风险。

D. 对于色谱的病毒去除方式来说，选取最大的样品收集起点和终点即样品收集的范围最大一般被认为是最差的病毒去除条件之一。此外，色谱模式的不同，可能病毒去除最差条件的选择也不完全相同，需要建立在对工艺充分理解的基础上。

对于流穿模式的色谱工艺（目标蛋白流穿、病毒结合），如阴离子交换步骤，通常较高的上样载量和较低的柱保留时间代表最差工艺条件。而对于结合模式的色谱工艺（目标蛋白结合、病毒流穿），最高的上样载量，以及较高的柱保留时间，可以使病毒具有更多的位点（包括非特异性吸附）和时间去结合到色谱填料上并因此与产物共洗脱，此条件代表该色谱模式下的最差条件。

### 5.3.3 细胞毒性和病毒干扰研究

由于细胞毒性和病毒干扰性会严重影响病毒滴度的测定结果，因此在工艺中间品中加入病毒研究病毒清除效果时，为了准确评估样品中实际的病毒滴度，需要对工艺中间品进行细胞毒性和病毒干扰性研究。

细胞毒性研究是根据工艺中间品对指示细胞形态的影响来判定样品是否对细胞有毒。一般情况下，在指示细胞中加入不包含病毒的工艺中间产物，通过一段时间的培养，观察指示细胞的细胞形态有无明显变化。根据细胞形态的变化，可以判定产品的细胞毒性。

病毒干扰是指样品会干扰病毒在细胞中的增殖或病变检测。病毒干扰研究需在指示细胞中加入工艺中间产物，然后用已知量的病毒去侵染细胞。通过对比病毒在有无工艺产物加入的指示细胞中的滴度，来评估病毒干扰性。需要注意的是不能用细胞毒性来评估病毒干扰性，因为低细胞毒性的样品可能具有强烈的病毒干扰性。

通常细胞毒性和病毒干扰性研究需要对样品进行多倍连续稀释，因此需要利用与 ELISA 试验类似的 96 孔板来进行研究。典型的操作方法如下：在每个铺好细胞的孔道中加入不同稀释度的样品，然后通过试验确定没有细胞毒性或病毒干扰性的最低稀释度。如果缺乏病毒干扰性数据，可能会对病毒清除能力做出过高或过低估计。虽然可以通过稀释样品来消除样品的细胞毒性和病毒干扰性，但是为了最大可能的获得最佳的病毒清除量，仍需确定细胞毒性和病毒干扰性的最低稀释度。对于检测不到病毒滴度的样品，根据最低稀释度和泊松分布可以确定理论滴度。对于评估研究中的每个病毒，都需进行这样的分析。

### 5.3.4 病毒检测方法

在病毒灭活 / 去除的工艺验证中，病毒的检测方法要求高灵敏度、高特异性以及很好的稳定性和重复性。目前病毒检测的方法主要有以下几种。

A. 噬菌斑检测法（定量）。

B. $TCID_{50}$ 检测法（半定量）。

C. qPCR（定量检测）。

### 5.3.5 每剂量病毒颗粒估算

这适用于起始数目可以估算的病毒，如内源性逆转录病毒。以下给出了典型单抗纯化工艺中，整个生产工艺总的病毒下降因子实例。在计算病毒下降因子时，应注意对照料液的病毒滴度与起始加毒料液的病毒滴度有无明显差异。如果没有明显差异，可以说明在病毒清除研究过程中病毒滴度无明显下降，因此在计算病毒下降因子时，可以利用起始加毒料液与病毒清除后料液的病毒总滴度对数差值进行计算，否则应利用对照料液与病毒清除后料液的病毒总滴度对数差值进行计算。

以下示例演示了整个抗体纯化生产工艺的病毒总下降因子的计算方法，即各工艺步骤病毒下降因子对数之和。需要注意的是病毒的下降因子若小于 1 lg，在计算整个工艺的病毒总下降因子时，该工艺步骤的下降因子并不计算在内，否则可能会对清除病毒的实际能力估计过高。

收获液中的内源性病毒量可采用 TEM 进行确定，然后根据同等单剂量终产品所需的收获液样品体积可以计算出每剂终产品中的病毒总量。示例如下。

假设

A. 通过 TEM 确定的收获液样品中病毒数量为 $10^8$/ml。

B. 纯化工艺对特异性"模型"病毒（特指针对内源性病毒的模型）的清除能力 $> 18.55\,lg \pm 0.86\,lg$。

C. 生产每剂终产品所需的未加工样品体积为 1000ml。

D. 每剂产品中病毒颗粒总量为 $10^8$/ml × 1000ml=$10^{11}\,lg$。

则纯化工艺总清除能力（$> 18.55\,lg \pm 0.86\,lg$）远远大于每剂终产品中的病毒总数量（$10^8$/ml × 1000ml=$10^{11}\,lg$）。

## 5.3.6 病毒清除工艺的再验证

如果生产工艺发生重大变化，则需要重新评估工艺变更对病毒清除的影响。如果认为变更对病毒清除率有影响，则需要重新评估病毒清除效率，以确定工艺变更对药品的安全性影响。如细胞培养条件的某些变化可能导致细胞收获液中内源性逆转录病毒颗粒数量的显著变化，从而对产品的总体安全性产生影响。

此外，工艺步骤的某些变化，例如引入新工艺、删除现有工艺或用新工艺替换现有病毒清除工艺，可能会对病毒清除产生影响，需要重新进行病毒清除工艺的验证。重新评估变更的单元步骤与后续的工艺步骤。

需要指出的是，要明确区分工艺变更和设备变更。一般来讲，涉及影响灭活效果的工艺变更，需要重新验证灭活工艺。例如由于缓冲液成分或配方的改变，导致灭活过程中制品的缓冲成分发生了显著的改变，超出了原工艺验证时设定的范围，需要重新验证；或者灭活过程中温度、时间长度、灭活剂浓度发生了显著改变，超出了验证时设定的范围，需要重新验证。如果仅仅是变更了相关设备的型号、规模，或者变更了设备的位置、厂房地点，则仅仅需要对变更后的设备性能进行验证，确保设备性能可以满足原先的灭活工艺要求即可。

# 6 病毒污染风险控制策略

本章以单克隆抗体产品作为工程细胞（细菌）来源治疗用生物制品的代表，以血液制品作为组织或体液来源生物制品的代表，从病毒污染风险源控制、工艺过程控制、病毒检测控制维度，并结合药品生命周期维度概要介绍治疗用生物制品病毒污染风险控制策略。

## 6.1 病毒污染风险控制总体策略

治疗用生物制品病毒污染风险控制是一项系统工程，应从采取病毒污染引入防控措施，建立有效病毒灭活／去除工艺步骤以及病毒检测三方面入手建立病毒安全综合保障策略。鉴于病毒检测在病毒污染风险控制中的作用至关重要，本章将病毒检测从预防措施中单独提出，与病毒污染防控、病毒灭活／去除病毒并列。因此，病毒安全综合保障策略可概括为：建立健全的病毒检测能力（检）、建立严密的预防病毒污染体系（防）、建立健全的灭活／去除病毒能力（除）。检、防、除三方面互为补充，彼此依存，持续动态修正和协调健全，必须形成合力。

以单克隆抗体为例，细胞株构建阶段，病毒的来源主要是初始细胞系的病毒污染、重组细胞株构建和筛选过程中的引入，以及初始工程细胞株保存过程中的引入，因此该阶段的病毒安全保障以"防 + 检"为主。药品的生命周期不同阶段病毒安全保障策略的侧重点不同（表 6-1）。

表 6-1　药品生命周期不同阶段病毒安全保障策略

| 周期 / 安全策略 | 策略 | 病毒污染等级 | 病毒危害等级 |
| --- | --- | --- | --- |
| 药物发现阶段 | 防 + 检（病毒安全风险评估及风险保障措施制定） | 高 | 低 |
| 临床前阶段 | 防 + 除 + 检（病毒检测方法的建立及验证、原材料病毒筛选检测、病毒灭活 / 去除工艺的建立及初步验证、中间品 / 产品检测） | 中 | 低 |
| 临床至上市阶段 | 防 + 除 + 检（生产工艺病毒去除 / 灭活工艺验证深入研究及综合评价） | 低 | 高 |
| 上市后阶段 | 防 + 除（病毒清除工艺及病毒筛查检验方法的持续有效性研究及优化提升） | 低 | 高 |

## 6.2 单克隆抗体制品病毒安全保障

单克隆抗体制品病毒安全保障是一项涉及多个方面的系统工程，如细胞库的病毒安全保障、原辅料的病毒安全保障、生产工艺过程病毒安全保障等，需建立整体策略。

## 6.2.1 细胞库病毒安全保障

重组蛋白类生物制品生产用细胞一般为动物细胞，比较常用的有中国仓鼠卵巢（CHO）细胞系。动物来源细胞系通常最早从动物体内分离获得，可能通过离体前感染外源病毒或携带内源性逆转录病毒序列等方式将病毒风险带入后续细胞系。另外，细胞在离体操作、保存、改造、运输等过程中也可能被外源性病毒污染。所以应选择来源和背景清楚的适宜细胞系，溯源有关背景资料，如最初分离建立株/系的机构、在不同机构内引进和传代经过、接触过的动物源性物质、既往进行过的检测分析项目和确认研究结果等。传代保存过程中，细胞应保持原有特征，没有发生变异和污染，以在最早期排除不必要的风险。

初始细胞系得到保障的前提下，重组细胞株构建过程中外源性病毒引入风险主要来源于细胞培养基等原材料引入、人员引入和环境引入等。

细胞构建过程中会用到的原材料如细胞培养基、血清、抗体、细胞因子等若为生物来源，其引入病毒风险的概率远远大于使用非生物来源的材料。建议在构建过程中尽量使用成分明确的非生物来源材料，如化学成分确定的培养基，以避免从源头引入病毒。若某些特定情况下不可避免需要使用这些成分的，尽量选用重组的、有明确生产和检测历史的材料，如重组制得的抗体和细胞因子。最差情况下若使用了动物来源的组分，如牛血清等，应选用非疫区来源的材料，并对材料本身和后续构建所得细胞株加强检测。

人员是另一大外源性病毒来源，人携带的病毒可能通过不当的接触而感染细胞，特别是 293T 等人源细胞。操作过程中的不规范，如不当接触、缓冲液和耗材等灭菌不彻底、操作不规范等都可能直接污染细胞。降低该风险，一般依赖于规范操作流程并加强对实验人员的培训。

环境也是不可忽视的重要因素，如实验环境脏乱差，超净台和生物安全柜存在高效漏点，$CO_2$ 培养箱不及时清理消毒等都可能带来外源性病毒污染风险。

企业应避免初始工程细胞株在保存过程中被外源性病毒污染，比如液氮罐中同时保存了其他已携带外源病毒的细胞系。建议有条件的实验室，尽量用气相液氮罐保存细胞。

细胞建库通常采用主细胞库和工作细胞库两级系统，在建立过程中应充分考虑并切实满足鉴定和安全性检测的要求，应确保能够提供充足的一致、可靠的生产用细胞。细胞库建立中应在细胞构建阶段注意细胞来源与构建操作，避免携带内源病毒和引入外源病毒。细胞库应在符合 GMP 条件下制备，在用于生物制品生产前应进行相关病毒的检定和确认。

《中国药典》明确了对关键原材料的质量要求，应规范生物制品的生产原材料（如菌毒种、细胞基质等）的病毒检测要求和相关技术标准，加强对动物源性产品原材料的质量控制。细胞库的病毒检测应该在Ⅰ期临床前完成。原始库和（或）主库细胞应经至少一次全面系统的检定，应参照《中国药典》2020 年版三部《生物制品生产检定用动物细胞基质制备及质量控制》中关于细胞内外源性病毒因子检查等相关要求，对种子库细胞进行检定。工作库细胞应经必要的检定和外源因子污染检测。企业可直接对工作细胞库进行相应的外源性病毒检测，也可对从工作细胞库来源的体外传代限度内的细胞进行分析。企业如对主细胞库已进行过相应的非内源性病毒检测，或者对已达到或超过体外传代限度的工作细胞库来源的细胞进行过外源性病毒的测试，则不必再对原有的工作细胞库作类似的检测。

## 6.2.2 生产用原辅料病毒安全保障

除生产用起始材料工程细胞外，细胞库制备及产品生产过程中应尽量避免采用动物来源的原辅料，并应加强对生产用原辅料来源供应商审计，防止生产过程中由于交叉污染引入外源病毒。生产过程中如必须使用动物来源的原辅料，则应进行相应病毒检测和风险评估。确认原材料生产商对生产用生物组织原材料的来源动物进行了严格控制，同时企业应对原辅材料在验收入库时进行相关病毒检定，符合要求后方可投入使用。企业对生产车间应采取防鼠及其他措施以确保原辅料在仓储过程中不被外源病毒污染。

## 6.2.3 生产工艺过程病毒安全保障

生产过程中应设立适宜的监控指标，动态跟踪监测细胞的增殖、生长、污染等状况，并控制在警戒范围内。对于含内源性逆转录病毒的细胞，病毒基因相关序列的激活或者复制应受到严格控制，并根据模拟生产状态下取得的试验研究数据，制定收获液可接受的标准，不符合要求应予以废弃。生产工艺应包含经验证有效的病毒灭活 / 去除工艺步骤，并严格执行验证研究确定的各项工艺控制条件和工艺参数。

### 6.2.3.1 细胞培养工艺过程控制

细胞培养工艺所使用的细胞和培养基应按相关规定进行外源性病毒检测，符合规定后方可投产使用。可考虑引入适宜的病毒灭活 / 去除技术对培养基进行预先处理，降低病毒污染风险。培养操作时严格按照 SOP 进行相关操作，避免操作不当引入外源病毒。生产过程中应密切关注细胞状态，及时发现异常情况。

细胞培养工艺研究阶段应对生产终末细胞和（或）超过培养限定代次的细胞进行一次全面系统的检测分析研究，包括一般检定、遗传和生物学特征检测分析、目的基因和表达框架的稳定性分析、外源因子污染状况分析、内源性病毒激活或复制抑制状态检测、致瘤性改变以及其他需要严格限制的因素等；对尚未处理的细胞发酵液进行的病毒测试应该包含完整细胞、细胞碎片以及细胞培养上清液的混合物的病毒测定。

生产企业应在上市申请时提交至少 3 批中试批或商业批的数据。

生产企业一旦在细胞上清液中检测到外源性病毒，则不得将其用于后续生产，应立即启动全面调查、查明污染原因，根据调查结果采取必要的措施。

### 6.2.3.2 纯化工艺病毒安全性保障

纯化工艺步骤中应至少含有两个机制互补的有效病毒灭活 / 去除工艺步骤，如低 pH 孵育、S/D 处理和膜过滤等。同时色谱步骤也具有一定病毒去除效果。如 Protein A 色谱（1~3.5 LRVs），IEX（通常＞2LRVs）。

上述均需要使用模型病毒进行验证。其中色谱填料不仅需验证新、旧填料（使用至规定次数上限的填料）的病毒灭活 / 去除能力，而且要考察色谱填料按规定的原位清洗（CIP）清洁消毒后携带残留病毒的情况。在报产时需要根据细胞发酵液中病毒颗粒数计算最终每剂量成品中出现 1 个病毒颗粒的概率，一般需要低于百万分之一。

生产企业在生产过程中应严格按照 SOP 操作，避免在生产操作过程中引入外源性病毒污染；确保各工艺步骤能达到预期的病毒清除效果；控制色谱填料 CIP 后病毒残留风险。在除病毒过滤后，每个滤器应进行完整性测试，以便排除病毒穿透滤膜流入原液的风险。

生产企业应在产品上市前，采用高度敏感和特异的检测方法对模拟生产工艺或者接近实际生产条件下的三批纯化原液进行病毒检测。

## 6.2.4 生产过程 GMP 控制

生产企业应在生产过程中严格执行 GMP，根据产品特性、工艺、预定用途和设备等因素，使用风险评估的手段，采取相应的预防差错、交叉污染、安全防护措施，如使用专用厂房和设备、阶段性生产方式、使用密闭系统等。若使用敞口容器或设备操作时，应有避免污染的措施。尽量避免同一设备用于不同阶段的纯化操作。如果使用同一设备，应当采取适当的清洁和消毒措施，并对清洁和消毒的效果进行验证，防止病毒通过设备或环境由前次纯化操作带入后续纯化操作。

生产企业应按照经核准的标准对原辅料实施质量管理和控制，并采取必要的措施，防止病毒灭活 / 去除后的产品被污染；已经过病毒去除 / 灭活处理的产品与尚未处理的产品应有明显区分和标识，并应采用适当的方法防止物品混淆。

## 6.2.5 持续改进

生产企业应密切跟踪药品的病毒安全情况，确保药品的病毒安全风险受控。应持续关注新的病毒去除 / 灭活技术，通过病毒工艺和检测手段的优化改进，不断提高病毒安全保障。

由于科学技术的进步、法规制度的完善、市场的变化以及企业自身生产条件的改变等，生物制品上市后进行持续改进，变更不可避免。企业应在生产工艺进行重大变更时，对生产工艺进行清除病毒能力的研究，对特定的去除 / 灭活病毒方法进行去除 / 灭活病毒效果再验证研究。工艺改变不属于重大工艺变更时，也需对特定的去除 / 灭活病毒方法进行再验证研究；被灭活的中间品组分或 pH 值发生改变时，需对特定的去除 / 灭活病毒方法进行再验证。

## 6.3 血液制品病毒安全保障

血液制品病毒安全保障系统由多方面保障措施构成，包括献浆员筛选和管理、血浆检疫期和数据库回溯管理、单份血浆和混合血浆的各项病毒检测，以及病毒灭活和去除措施、成品的病毒检测等。

### 6.3.1 血浆的病毒安全保障

通过献浆者管理、血浆检测、血浆采集、储存、运输和检疫期管理等方面来保障血浆采集的安全和原料血浆的质量。

企业应严格把控血浆的采集和检测程序，为血液制品的安全提供坚实的基础保障。企业应遵从《中国药典》2020 年版对血浆采集工作的规定，严格落实献浆人员的筛选、单人份血浆的检测及混合血浆的检测。应对每一份血液 / 血浆进行单独筛选，以排除直接（如病毒抗原）或间接（如抗病毒抗体）病毒标志物阳性情况。原国家药品监督管理局在 2007 年发布了《关于实施血液制品生产用原料血浆检疫期的通知》，对原料血浆实施检疫期管理，进一步保障了原料血浆的病毒安全性。

原料血浆应经检疫期并按《中国药典》2020 年版《血液制品生产用人血浆》的规定检验合格方可投入生产。投产使用前，应当对每批放行的原料血浆进行质量评价，确认采集单位应于法定部门批准的单采血浆站一致；采用经批准的体外诊断试剂对每袋血浆进行复检并符合要求；也可对小混合检测样品采用 NAT 技术来检测病毒基因组（如 HCV、HBV、HIV）。采用 NAT 技术能够明显缩短病原体检出的窗口期。另外，NAT 技术灵敏度和特异性均显著高于免疫学方法。发现 PCR 阳性的单人份血浆应在进行生产混浆之前被废弃。

批生产投料后的合并血浆，在进行血液制品各组分的提取前，应于每个合并容器中取样进行 HBsAg、HIV-1 和 HIV-2 抗体、HCV 抗体、乙型肝炎病毒表面抗体等项目的检测，并符合要求，检测方法及试剂应具有适宜的灵敏度和特异性。同时混合血浆还可采用 NAT 技术进行病毒筛选测试。

生产企业应当建立安全和有效地处理不合格原料血浆的操作规程，处理应当有记录。

血浆病毒安全保障策略见表 6-2。

表 6-2　血浆病毒安全保障

| 阶段 | 责任 | 主要目标 | 主要风险点 |
|------|------|----------|-----------|
| 捐献者筛查 | 血浆采集者 | 排除捐献者病毒感染的风险 | 已知的流行病学病原体 |
| 捐献者医学问询和数据库管理 | 血浆采集者 | 建立符合要求的合格捐献者人群统计和医学档案 | 已知和未知的病原体感染 |
| 病毒抗原抗体的筛选 | 血浆采集者 | 如检出病原体抗原或抗体的捐献者需排除 有效降低起始血浆混合的病毒负载 | 已知的感染风险如 HIV、HBV、HCV |

| 阶段 | 责任 | 主要目标 | 主要风险点 |
|------|------|---------|-----------|
| 血浆检疫期 | 血浆处理和管理 | 有效防止窗口期高滴度血浆 | 病毒感染窗口期高滴度血浆 |
| 小混合血浆样品的 NAT 检测 | 血液制品企业 / 检测中心 | 超标或阳性血浆需排除<br>有效降低生产批血浆的病毒负载 | HCV、HIV、HBV、HAV 和 B19 等病毒传染 |
| 生产批混合血浆的 NAT 检测 | 血液制品企业 | 超标或阳性血浆需排除<br>有效降低生产批血浆的病毒负载 | HCV、HIV、HBV、HAV 和 B19 等病毒传染 |

## 6.3.2 人员

从事血液制品生产、质量保证、质量控制及其他相关人员（包括清洁、维修人员）应当经过生物安全防护的培训，尤其是经过预防经血液传播疾病方面的知识培训。

从事血液制品生产、质量保证、质量控制及其他相关人员（包括清洁、维修人员）应定期体检，患有传染病、皮肤病以及皮肤有伤口者、对产品质量和安全性有潜在不利影响的人员，均不得进入生产区进行操作或质量检验。

从事血液制品生产、质量保证、质量控制及其他相关人员应当接种预防经血液传播疾病的疫苗。

原料血浆解冻、破袋、化浆的操作人员应当穿戴适当的防护服、面罩和手套。

### 6.3.3 厂房、设施、设备

血液制品的生产厂房应当为独立建筑物，不得与其他药品共用，并使用专用的生产设施和设备。血浆融浆区域、组分分离区域以及病毒灭活后生产区域应当彼此分开，生产设备应当专用，各区域应当有独立的空气净化系统，且与产品和生产操作相适应。如人员、物料的进出应分区管理，生产设备的清洁、使用管理应明确规定，必要时专区专用。生产区域应定期进行环境清洁、消毒，在生产操作过程中尽可能减少气溶胶的产生。生产设施和设备不得用于病毒去除或灭活方法的验证。

企业应当定期对破袋、融浆的生产过程进行环境监测，并对混合血浆进行微生物限度检查，以尽可能降低操作过程中的微生物污染。对用于实验取样、检测或日常监测（如空气采样器）的用具和设备，应当制定严格的清洁和消毒操作规程，避免交叉污染。应当根据生产的风险程度对用具或设备进行评估，必要时做到专物专区专用。

应采取有效的措施防止生产过程产生的废弃物对生产过程的污染及交叉污染。对产生的废弃物，特别是病毒清除前应在位消毒或密闭后方可移除。如废弃血浆袋及其他工作废弃物，在病毒清除前的过滤介质压滤用滤板、滤堆、滤芯等，产生的废弃物及废弃组分沉淀等应在位消毒后或其他消毒措施处理后移交有资质的机构处理，在转运过程中应有防止渗漏措施（如装袋密封）。病毒清除前产生的废水可采用在位消毒或防渗漏管道输送至消毒单元处理达标后方可排至污水处理单元。

### 6.3.4 生产工艺

纯化工艺步骤中应至少含采用两种作用机制不同的工艺步骤灭活/去除病毒，至少有一步工艺对非包膜的病毒清除有效。

企业应按照经核准的操作规程实施经验证有效的病毒灭活/去除工艺，采取必要的措施，防止病毒灭活/去除后的产品被污染。已经过病毒去除/灭活处理的产品与尚未处理的产品应有明显区分和标识，并应采用适当的方法防止混淆、差错。不同产品的纯化应当分别使用专用的色谱柱。不同批次之间，应当对色谱柱进行清洁或灭菌。不得将同一色谱柱用于生产的不同阶段。应当明确规定色谱柱的合格标准、清洁或灭菌方法及使用寿命。色谱柱的保存和再生应当经过验证。

当生产工艺，如生产厂房/生产线、纯化工艺、病毒灭活容器方式变更，需重新进行风险评估。

在血液制品生产过程中，各国都要求生产企业遵循 GMP 规范。和欧盟 GMP 类似，在国内针对血液制品的生产，还需要遵循 GMP 各相关附录（包括血液制品附录）的要求。

### 6.3.5 成品检测

企业应当使用经批准的酶联免疫试剂盒，按照经过验证的方法对成品进行有关病毒标志物的检验和评估，并在产品内控标准中增加相关内容。检测结果出现异常的成品不得放行，应当及时分析原因并对所涉及的原料血浆进行追溯。

### 6.3.6 持续改进

企业应密切跟踪药品的病毒安全情况，确保药物制品的病毒安全风险受控。企业应持续关注病毒检测技术（包括新检测技术及新增检测项目的应用）以及病毒灭活 / 去除工艺的优化改进，不断提高病毒安全保障。

企业应考虑根据血液制品的产品类型、工艺，国际经验，对产品进行病毒风险评估，用以证实关于病毒安全的声明和这些产品的任何潜在风险，并在产品核心说明书中体现。风险评估应尽可能包括最终产品的定义剂量中存在病毒污染物的概率。风险评估需要综合考虑各种因素：传染病影响、病毒滴度、病毒标志物检测水平、病毒灭活 / 去除步骤、产品产量（产率）、每剂量最终产品感染病毒颗粒的潜在水平。风险评估的可靠性取决于这些因素 / 信息的获取程度。许多因素可能会有不同的实际情况，应考虑最坏的情形，以便获得能对病毒安全作出最大保障的评估结果。同时，也应提供对生产过程中灭活 / 清除污染病毒的能力（整体病毒灭活 / 清除能力）的估计，以及可能存在于起始材料中的特定病毒的潜在数量（潜在病毒输入）。此外，通过考虑生产单剂量产品所需的起始材料量，可以估计最终产品中存在病毒污染的概率。企业在评估每瓶产品的潜在病毒微粒数量时应综合考虑每瓶产品所用血浆量、潜在输入病毒量、病毒灭活 / 去除能力及其他因素。

企业如发现有迹象表明献浆者感染艾滋病毒或甲、乙或丙型肝炎时，必须通知监管当局。

企业应在生产工艺进行了重大变更时，对生产工艺进行清除病毒能力的研究，对特定的去除 / 灭活病毒方法进行去除 / 灭活病毒效果再验证研究。工艺改变不属于重大工艺变更时，需对特定的去除 / 灭活病毒方法进行再验证研究；被灭活的中间品组成成分或 pH 发生改变时，需对特定的去除 / 灭活病毒方法进行再验证。

# 7  展望

随着科学技术的进步和发展，通过对肿瘤免疫机制、微环境的深入认识，体细胞基因突变数据积累，以及基因组修饰技术的突破，治疗用生物制品在肿瘤、慢性病、遗传疾病等治疗方面会不断取得新进展。目前，新型治疗技术形成了以细胞作为终产品的新型治疗药物，以修饰细胞为终产品的新型治疗药物，以病毒作为终端产品的治疗手段，以及核酸修饰及基因编辑为手段的治疗技术等。

干细胞治疗技术中，干细胞本身处于未分化状态，可以自我更新，具有再生成各种组织和器官的潜力，是名副其实的"万用细胞"。基于此特性可以将自体或者异体来源的干细胞经过外体操作后，再导入人体用于治疗各种疾病，以自/异体细胞，或处理后的干细胞作为终产品已在临床上使用。免疫细胞治疗中，采集于人体的免疫细胞在多种免疫活因子的作用下，经过体外的培养，消除患者体内的免疫抑制因素，筛选并大量扩增免疫效应细胞，然后再回输到体内，杀灭血液及组织中的病原体、癌细胞、突变的细胞。以嵌合抗原受体（Chimeric Antigen Receptor）为代表的 T 细胞修饰技术（CAR-T），是近几年被改良应用于临床的新型细胞免疫疗法，其在急性白血病和非霍奇金淋巴瘤的治疗上表现出显著疗效，被认为是最有前景的肿瘤治疗方式之一。基因组编辑技术，如 ZFNs、TALENs 和最新的 CRISPR/Cas9 系统相继出现，给基因治疗领域面临的诸多问题开辟了新的途径。而溶瘤病毒是一类具有复制能力的优先感染并杀死肿瘤细胞的病毒。其作用机制大致分两种：溶瘤病毒在肿瘤细胞内无限增殖致使细胞死亡；直接或间接激活抗肿瘤免疫系统，特异性杀伤肿瘤细胞。

新型治疗技术中所涉及的治疗用生物制品通常需要在体外经过多个生物类物料的融合组装实现，产品本身具有高度的"个性化"和"异质性"，工艺较为复杂，也对病毒安全提出了新的要求。例如，在以病毒或细胞作为终产品或治疗手段的技术应用中，由于产品本身的特殊性，如溶瘤病毒等以病毒作为最终输出产品的情况下，生产过程中除了需要建立细胞库外，还需要建立病毒库，因为生产时一般使用病毒库来侵染扩培后的细胞，最终收获病毒。常规的病毒清除工艺不适用于病毒类制品。作为基因重组产物的溶瘤病毒，具有肿瘤特异性复制特性，在正常细胞内复制能力远低于肿瘤细胞内，但本身仍具有一定安全风险，因此对生产环境及设施要求更为严格。这对于全生产工艺中的病毒安全控制提出了更高的要求，更大的挑战。值得一提的是，讨论新型治疗用生物制品病毒安全控制，应充分认识和区分外源性病毒、病毒产品和病毒中间产物。

目前，国内外已上市的新型治疗用生物制品仍较少，有针对性的、成熟的病毒污染控制策略和方法尚需开发建立。但是，病毒污染风险控制的基本原则和基本策略已经建立，即从生产所用物料到成品，结合工艺、GMP、生产设施等全面评估风险的可能来源，并制定相应的风险控制策略，通过多方面的控制结合消除病毒污染风险。

对于细胞库和病毒库，应尽量选用使用广泛、安全稳定的细胞用于生产，在病毒分离、重组构建及病毒库建立等操作中确保不受外源性病毒污染。同时采取不同类型的病毒检测方法进行监控管理。在上游生产中，病毒包装系统使用的培养基、补液、缓冲液等均需要确保物料采购来源，并尽可能通过病毒清除技术手段确保物料使用过程中的无菌和病毒安全控制。此外，在整个生产工艺过程中，作为与产品接触的关键物料管理也应遵循此原则。对于涉及病毒或其他载体接导的转导操作，尽管使用的重组病毒载体在一定程度上被认为没有重感染能力，但也需要加强对操作环境和操作人员的保护。因此，在建立健全生物安全二级的生产环境的同时，合理利用病毒屏障保障环境和操作人员安全也是病毒安全管理中不可缺失的环节。

病毒安全的定义和实施范围在新型治疗中应不局限于产品、生产工艺、生产环境和人员安全，还需要兼顾设备轮转所可能引入的交叉污染的风险。根据 ICH Q9 中关于风险评估的理念，生产单位应对关键工艺点建立风险评估、风险检查、风险控制、整改回顾等合理的风险评估体系。

新型治疗用生物制品所涉及的检测方法和对应的评估标准须根据具体工艺的实施进行调整。就病毒检测，目前适用的不同病毒检测方法之间的准确度、消耗时间、自动化程度以及检测成本存在着很大的差异。通过对病毒不同维度的定性和定量，现有方法从某种程度上对生物制品中病毒颗粒的描述，但一般需要消耗数小时乃至数天的时间，同时需要大量的人力和检测成本。因此，针对病毒检测引入经过验证的微量、高效、定量的新型方法，并通过全基因组测序和生物信息学策略分析潜在病毒污染的风险等，成为未来发展的重要方向。

总之，随着科学技术的进步和发展，治疗技术、治疗用生物制品工艺技术、病毒检测技术和病毒灭活／去除技术会不断进步和发展。治疗用生物制品及其病毒安全控制将迎来新的机遇和挑战。

# 中英文名词对照

（按英文字母顺序排列）

| 英文名称 | 中文名称 | 英文缩写 |
|---|---|---|
| **A** | | |
| Acquired Immune Deficiency Syndrome | 获得性免疫缺乏综合征 | AIDS |
| Adenovirus | 腺病毒 | |
| Africa Green Monkey Cell | 非洲绿猴肾细胞 | Vero |
| African Horse Sickness Virus | 非洲马瘟病毒 | AHSV |
| Anion Exchange Chromatography | 阴离子交换色谱 | AEX |
| Antithrombin Ⅲ | 抗凝血酶Ⅲ | AT Ⅲ |
| **B** | | |
| Biologics License Application | 生物制剂许可证申请 | BLA |
| Biotechnology Working Party | 生物技术工作组 | BWP |
| Bluetongue Virus | 蓝舌病病毒 | BTV |
| Bovine Adenovirus | 牛腺病毒 | BAV |
| Bovine Circovirus | 牛圆环病毒 | BCV |
| Bovine Parainfluenza Virus Type 3 | 牛副流感病毒 3 型 | PI3 |
| Bovine Parvovirus | 牛细小病毒 | BPV |
| Bovine Polyoma Virus | 牛多瘤病毒 | BPyV |
| Bovine Reproductive and Respiratory Syndrome Virus | 牛繁殖与呼吸综合征病毒 | BRSV |
| Bovine Spongiform Enccphalopathy | 牛海绵状脑病 | BSE |
| Bovine Viral Diarrhea Virus | 牛病毒性腹泻病毒 | BVDV |

续表

| 英文名称 | 中文名称 | 英文缩写 |
|---|---|---|
| Borna Disease Virus | 博尔纳病病毒 | BDV |
| C | | |
| Cache Valley Virus | 卡奇谷病毒 | CVV |
| Canine Distemper Virus | 犬瘟热病毒 | CDV |
| Cation Exchange Chromatography | 阳离子交换色谱 | CEX |
| Cell Bank | 细胞库 | |
| Cell Culture Infective Dose 50% | 细胞培养半数感染量 | CCID50 |
| Center for Biologics Evaluation and Research | FDA 生物制品审评研究中心 | CBER |
| Chicken Embryo Fibroblast | 鸡胚成纤维细胞 | CEF |
| Chimeric Antigen Receptor | 嵌合抗原受体 | |
| Chimeric Antigen Receptor T-cell Immunotherapy | 嵌合抗原受体 T 细胞免疫疗法 | CAR-T |
| Chinese Hamster Ovary Cells | 中国仓鼠卵巢细胞 | CHO |
| Clean in Place | 在线清洗 | CIP |
| Clustered Regularly Interspaced Short Palindromic Repeats | 短回文重复序列 | CRISPR |
| Coagulation Factor IX | 凝血因子IX | |
| Coagulation Factor VIII | 凝血因子VIII | |
| Code of Federal Regulations | 美国联邦法规 | CFR |
| Committee for Medicinal Products for Human Use | 人用医药产品委员会 | CHMP |
| Committee Proprietary Medicinal Products | 欧洲药品评价局人用药委员会 | CPMP |
| Cottontail Rabbit Papillomavirus | 兔乳头状病毒 | CRPV |
| Current Good Manufacture Practices | 现行药品生产管理规范 | cGMP |

| 英文名称 | 中文名称 | 英文缩写 |
|---|---|---|
| Cytomegalo Virus | 巨细胞病毒 | CMV |
| **D** | | |
| DEAE-Sephadex | 葡聚糖凝胶 | |
| Deoxyribonucleic Acid | 脱氧核糖核酸 | DNA |
| Determination of Reverse Transcriptase Activity | 逆转录酶活性测定法 | |
| Diethylaminoethyl | 二乙氨乙基 | DEAE |
| Diploid Cells of Turbinate Bone | 鼻甲骨二倍体细胞 | DCTB |
| DNA Chip Technique | 基因芯片技术法 | |
| Duck Hepatitis B Virus | 鸭乙型肝炎病毒 | DHBV |
| **E** | | |
| Eastern Equine Encephalomyelitis Virus | 马脑脊髓炎病毒 | EEV |
| Ebola Virus Disease | 埃博拉病毒病 | |
| Electron Microscope | 电镜法 | EM |
| Encephalomyocarditis Virus | 脑心肌炎病毒 | EMCV |
| End of Production Cell | 生产终末细胞 | EOPC |
| Engineering Cell | 工程细胞 | |
| Enzyme Linked Immunosorbent Assay | 酶联免疫吸附法 | ELISA |
| Enzyme-Linked Immunospot Assay | 酶标免疫斑点法 | ELISPOT |
| Emission Electron Microscope | 发射电子显微镜 | EEM |
| Epidemic Hemorrhagic Fever Virus | 流行性出血热病毒 | EHDV |
| Equine Infectious Anemia Virus | 马传染性贫血病病毒 | EIAV |
| Equine Influenza Virus | 马流感病毒 | EIV |

| 英文名称 | 中文名称 | 英文缩写 |
|---|---|---|
| Escherichia Coli | 大肠埃希菌 | E.coli |
| European Medicines Agency | 欧洲药品管理局 | EMA/EMEA |
| European Pharmacopoeia | 《欧洲药典》 | EP |
| European Unio | 欧洲联盟 | EU |

**F**

| | | |
|---|---|---|
| Fibrinogen | 纤维蛋白原 | Fg |
| Flow Cytometry | 流式细胞技术 | FCM |
| Fluorescence Resonance Energy Transfer | 荧光能量共振转移 | FRET |
| Food and Drug Administration | 美国食品药品管理局 | FDA |

**G**

| | | |
|---|---|---|
| Geographical BSE-Risk | BSE 风险地区评级 | GBR |
| Good Manufacturing Practices | 良好药品生产管理规范 | GMP |

**H**

| | | |
|---|---|---|
| Hamster Antibody Production | 仓鼠抗体产生实验 | HAP |
| Hepatitis A Virus | 甲型肝炎病毒 | HAV |
| Hepatitis B Virus | 乙型肝炎病毒 | HBV |
| Hepatitis B Surface Antigen | 乙型肝炎表面抗原 | HBsAg |
| Hepatitis C Virus | 丙型肝炎病毒 | HCV |
| Hepatitis D Virus | 丁型肝炎病毒 | HDV |
| Hepatitis E Virus | 戊型肝炎病毒 | HEV |
| Hepatitis G Virus | 庚型肝炎病毒 | HGV |
| Herba Plantaginis Virus | 车前草病毒 | HRV |
| Herpes Simplex Virus | 单纯疱疹病毒 | HSV |

| 英文名称 | 中文名称 | 英文缩写 |
|---|---|---|
| Herpes Virus | 疱疹病毒 | HV |
| Horses Papillomavirus | 马乳头状瘤病毒 | EPV |
| Host Cell Proteins | 宿主蛋白 | HCP |
| Human Adenovirus | 人腺病毒 | |
| Human Cytomegalovirus | 人巨细胞病毒 | HCMV |
| Human Embryonic Kidney 293 Cell | 人胚肾细胞 293 | HEK293 |
| Human Immunodeficiency Virus Disease | 人免疫缺陷病毒病 | HIV |
| Human Immunoglobulin for Intravenous Injection | 静注人免疫球蛋白 | IVIG |
| Human Kidney Cell | 人体肾细胞 | HK |
| Human Papilloma Virus | 人乳头瘤病毒 | HPV |
| Human T-cell Leukemia Virus | 人 T 细胞白血病病毒 | HTLV |
| Hydrophobic Chromatography | 疏水色谱 | HIC |

I

| 英文名称 | 中文名称 | 英文缩写 |
|---|---|---|
| Immunofluorescence | 免疫荧光 | IF |
| Immunofluorescence Assay | 免疫荧光法 | IFA |
| Immunoglobulin G | 免疫球蛋白 G | IgG |
| In Vitro | 体外实验 | |
| In Vivo | 体内实验 | |
| Influenza A (H1N1) Virus | 甲型 H1N1 流感病毒 | |
| Influenza A (H5N1) Virus | 甲型 H5N1 流感病毒 | |
| International Council for Harmonization | 国际人用药品注册技术协调会 | ICH |
| Intramuscular Immunoglobulin | 肌注免疫球蛋白 | IMIG |

| 英文名称 | 中文名称 | 英文缩写 |
|---|---|---|
| Investigational New Drug | 新药临床申请 | IND |
| Infectious Bovine Rhinotracheitis Virus | 牛传染性鼻气管炎病毒 | IBRV |
| Ion Exchange Chromatography | 离子交换色谱 | IEX |
| **K** | | |
| Kilham Rat Virus | 基尔汉大鼠病毒 | KRV |
| **L** | | |
| Lymphocyte Choriomeningitis Virus | 淋巴细胞性脉络丛脑膜炎病毒 | LCMV |
| **M** | | |
| Madin−Darby Bovine Kidney | 牛肾细胞 | MDBK |
| Master Cell Bank | 主细胞库 | MCB |
| Median Tissue Infection Dose | 半数组织感染量 | TCID50 |
| Medical Research Council Cell Strain−5 | 英国医学研究委员会细胞株 5 | MRC−5 |
| Middle East Respiratory Syndrome | 中东呼吸综合征 | MERS |
| Minute Virus of Mice | 鼠细小病毒 | MVM |
| Monoclonal Antibody | 单克隆抗体 | mAb |
| Mouse Antibody Production | 小鼠抗体产生实验 | MAP |
| Mouse Hantavirus | 小鼠汉坦病毒 | HV |
| Mouse Hepatitis Virus | 小鼠肝炎病毒 | MHV |
| Mouse Leukemia Virus | 小鼠白血病病毒 | MuLV |
| Murine Leukemia Virus | 小鼠白血病病毒 | MulV |
| Myxoma Virus | 黏液瘤病毒 | MYXV |
| **N** | | |
| National Medical Products Administration | 国家药品监督管理局 | NMPA |

| 英文名称 | 中文名称 | 英文缩写 |
|---|---|---|
| Neonatal Hamster Kidney Cell 21 | 乳仓鼠肾细胞 21 | BHK-21 |
| Nested PCR | 巢式 PCR | n-PCR |
| New Drug Application | 新药上市申请 | NDA |
| Non-A, Non-B Hepatitis Virus | 非甲非乙型肝炎病毒 | NANBHV |
| Nucleic Acid Testing | 核酸检测 | NAT |

P

| | | |
|---|---|---|
| Parainfluenza Virus | 副流感病毒 | |
| Paramyxoviridae | 副粘病毒 | PMV |
| Parenteral Drug Association | 美国注射剂协会 | PDA |
| Parvovirus B19 | 细小病毒 B19 | |
| Picornaviruses | 小核糖核酸病毒 | |
| Plasma Protein Therapeutics Association | 血浆蛋白治疗协会 | PPTA |
| Poliovirus | 脊髓灰质炎病毒 | |
| Polymerase Chain Reaction | 聚合酶链式反应 | PCR |
| Porcine Adenovirus | 猪腺病毒 | PAdV |
| Porcine Bocavirus | 猪博卡病毒 | PBV |
| Porcine Circovirus Type 1 | 猪圆环病毒 1 型 | PCV-1 |
| Porcine Hemagglutinating Encepha Lomyelitis Virus | 猪血凝性脑脊髓炎病毒 | PHEV |
| Porcine Parvovirus | 猪细小病毒 | PPV |
| Porcine Reproductive and Respiratory Syndrome Virus | 猪繁殖与呼吸综合征病毒 | PRRS |
| Porcine Transmissible Gastroenteritis Virus | 猪传染性胃肠炎病毒 | TGEV |

| 英文名称 | 中文名称 | 英文缩写 |
|---|---|---|
| Potato Virus Y | 马铃薯 Y 病毒 | PVY |
| Prekallikrein Activator | 激肽释放酶原激活剂 | PKA |
| Primary Cell Bank | 原始细胞库 | PCB |
| Prion | 朊病毒 | |
| Product Enhanced Reverse Transcriptase Detection | 产物增强逆转录酶检测 | PERT |
| Product Specific Qualification | 样品特异性确认 | PSQ |
| Prothrombin Complex | 凝血酶原复合物 | PCC |
| Pseudorabies Virus | 伪狂犬病毒 | PRV |
| Q | | |
| Quality Standards of Excellence, Assurance and Leadership | 优异、保障和领先质量标准 | QSEAL |
| Quine Arteritis Virus | 马动脉炎病毒 | EAV |
| R | | |
| Rabbit Pox Virus | 兔痘病毒 | RPV |
| Rabbit Viral Hemorrhagic Disease Virus | 兔病毒性出血症病毒 | RHDV |
| Rabies Virus | 狂犬病病毒 | RV |
| Rat Antibody Production | 大鼠抗体产生实验 | RAP |
| Rat Coronavirus | 大鼠冠状病毒 | RCV |
| Real-Time Quantitative PCR | 实时荧光定量法 | qPCR |
| Real-Time RT-PCR | 荧光实时逆转录 PCR 法 | qRT-PCR |
| Reflecting Electron Microscope | 反射电子显微镜 | REM |
| Registration, Evaluation, Authorisation and Restriction of Chemicals | 化学品注册、评估、许可和限制 | REACH |

| 英文名称 | 中文名称 | 英文缩写 |
|---|---|---|
| Reovirus | 呼肠孤病毒 | REO |
| Reovirus Type 3 | 呼肠孤病毒 3 型 | REO-3 |
| Reverse Transcriptase | 逆转录酶 | |
| Reverse Transcription PCR | 逆转录 PCR | RT-PCR |
| Reversed Phase Chromatography | 反相色谱 | RPC |
| Ribonucleic Acid | 核糖核酸 | RNA |
| Rice Gall Dwarf Virus | 水稻瘤矮病毒 | RGDV |
| Rotavirus | 轮状病毒 | RV |
| S | | |
| Scanning Electron Microscope | 扫描电子显微镜 | SEM |
| Severe Acute Respiratory Syndrom | 重症急性呼吸综合征 | SARS |
| Simian Immunodeficiency Virus | 猴免疫缺陷病毒 | SIV |
| Sindbis | 辛德毕斯病毒 | |
| Single Radial Immunodiffusion | 单向免疫扩散法 | SRID |
| Size Exclusion Chromatography | 尺寸排阻色谱 | SEC |
| Solvent/Detergent | 有机溶剂 / 表面活性剂 | S/D |
| Sugarcane Mosaic Virus | 甘蔗花叶病毒 | SCMV |
| Swine Hepatitis E Virus | 猪戊型肝炎病毒 | SHEV |
| T | | |
| The Median Lethal Dose | 半数致死剂量 | LD50 |
| Therapeutic GoodsAdministration | 澳洲治疗产品管理局 | TGA |
| Tick-borne Encephalitis Virus | 森林脑炎病毒 | TBEV |
| Tobacco Mosaic Virus | 烟草花叶病毒 | TMV |

| 英文名称 | 中文名称 | 英文缩写 |
|---|---|---|
| Transcription Activator–Like Effector Nucleases | 转录激活因子样效应物核酸酶 | TALENs |
| Transcription Mediated Amplification | 转录介导扩增法 | TMA |
| Transmissible Spongiform Encephalopathies | 可传播性海绵体脑炎 | TSE |
| Transmission Electron Microscope | 透射电子显微镜 | TEM |
| Tributylphosphate | 磷酸三丁酯 | TNBP |
| Tulip Mosaic Virus | 郁金香花叶病毒 | TMV |
| U | | |
| Un–processed Bulk | 未处理细胞培养液 | UPB |
| United States | 美国 | US |
| United States Pharmacopeia | 《美国药典》 | USP |
| V | | |
| Vesicular Stomatitis Virus | 水疱性口炎病毒 | VSV |
| Vesivirus | 囊泡病毒 | |
| Virus Inactivation / Removal | 病毒灭活 / 去除 | |
| Virus Like Particles | 病毒样颗粒 | |
| Von Willebrand Factor | 血管性血友病因子 | vWF |
| W | | |
| West Nile Virus | 西尼罗病毒 | WNV |
| Working Cell Bank | 工作细胞库 | WCB |
| World Health Organization | 世界卫生组织 | WHO |
| X | | |
| Xenotropic Murine Leukemia Virus | 异嗜性小鼠白血病病毒 | X–MuLV |

| 英文名称 | 中文名称 | 英文缩写 |
|---|---|---|
| Z | | |
| Zinc Finger Nucleases | 锌指核酸酶 | ZFNs |